"十二五"国家重点图书
市政与环境工程系列研究生教材

产甲烷菌细菌学原理与应用

程国玲　李巧燕　李永峰　著

哈尔滨工业大学出版社

内 容 简 介

　　本书共分为 8 章,首先介绍了产甲烷菌的分类、生态多样性、生理特性、基因组研究及厌氧反应器中的产甲烷菌,然后阐述了产甲烷菌的甲烷形成原理,最后介绍了产甲烷菌的研究方法和工业应用。

　　本书可作为微生物学、环境微生物学、环境科学及工程专业的学习材料,也可供从事微生物学、环境保护等教学与研究人员参考。

图书在版编目(CIP)数据

产甲烷菌细菌学原理与应用/程国玲,李巧燕,李永峰著.
—哈尔滨:哈尔滨工业大学出版社,2013.11
ISBN 978 - 7 - 5603 - 4291 - 7

Ⅰ.①产…　Ⅱ.①程…②李…③李…
Ⅲ.①产甲烷菌-细菌学　Ⅳ.①Q939.1

中国版本图书馆 CIP 数据核字(2013)第 263515 号

策划编辑　贾学斌
责任编辑　苗金英
出版发行　哈尔滨工业大学出版社
社　　址　哈尔滨市南岗区复华四道街 10 号　邮编 150006
传　　真　0451 - 86414749
网　　址　http://hitpress.hit.edu.cn
印　　刷　哈尔滨工业大学印刷厂
开　　本　787mm×1092mm　1/16　印张 10　字数 243 千字
版　　次　2013 年 11 月第 1 版　2013 年 11 月第 1 次印刷
书　　号　ISBN 978 - 7 - 5603 - 4291 - 7
定　　价　28.00 元

(如因印装质量问题影响阅读,我社负责调换)

《市政与环境工程系列研究生教材》编审委员会

名誉主任委员 任南琪 杨传平

主 任 委 员 周琪

执行主任委员 李永峰 施 悦

委 员 （按姓氏笔画顺序排列）

马 放 王 鹏 王爱杰 王文斗 王晓昌

冯玉杰 田 禹 刘广民 刘鸣达 刘勇弟

孙德志 李玉文 李盛贤 那冬晨 陈兆波

吴晓芙 汪大永 汪群惠 张 颖 张国财

林海龙 季宇彬 周雪飞 赵庆良 赵晓祥

姜 霞 姜金斗 郑天凌 唐 利 徐功娣

徐春霞 徐菁利 黄民生 曾光明 楼国庭

蔡伟民 蔡体久 颜涌捷

《产甲烷菌细菌学原理与应用》编写人员名单与分工

作 者 程国玲 李巧燕 李永峰

编写分工 程国玲:第1～2章

李巧燕:第3～5章

李永峰:第6～8章

文字整理和图表制作:冯可心、梁乾伟、吴忠珊、张玉

前　　言

自工业革命以来,水处理问题一直困扰着发达国家和发展中国家。污水处理能耗大、运行管理费用高,因此尽管其社会和环境效益显著,但经济效益并不明显,是一项投入大产出少的行业。随着现代高速厌氧反应器的出现以及对厌氧技术原理的深入认识,厌氧技术已为多种工业和生活废水的工业化处理提供了重要手段,它以低成本和能源的回收成为具有吸引力的技术。

厌氧消化是以废水中构成 BOD 的有机污染物为基质,进行沼气发酵,将其最终转化成以甲烷和二氧化碳为主要成分的生物气(沼气),借以降低废水的 BOD 值,同时获得气体燃料。产甲烷菌是参与有机物厌氧消化过程的最后一类细菌群,同时也是最重要的一类细菌群。

本书系统地介绍了产甲烷菌以及相关的研究方法和在工业方面的应用。全书共分为 8 章。第 1 章系统地阐述了产甲烷菌的分类,包括微生物的分类和产甲烷菌的分类以及一些代表性的菌种;第 2 章介绍了产甲烷菌的生态多样性,以产甲烷菌的四类生境为主介绍了产甲烷菌在自然系统中的分布;第 3 章介绍了产甲烷菌的生理特性,主要介绍了产甲烷菌独特的细胞结构、辅酶,生长繁殖条件以及产甲烷菌与不产甲烷菌之间的相互作用;第 4 章介绍了产甲烷菌的基因组研究进展以及基于基因组信息的产甲烷菌进化分析;第 5 章概述了厌氧反应器中的产甲烷菌,包括厌氧工艺的分类,以及厌氧污泥中产甲烷菌的种类,另外还简述了好氧活性污泥中的产甲烷菌;第 6 章阐述了产甲烷菌的甲烷形成途径,并以此为基础介绍了沼气化工程;第 7 章阐述了产甲烷菌的富集、分离、保存以及产甲烷菌生理特性和产甲烷活性的测定方法;第 8 章系统地介绍了产甲烷菌在工业方面的应用,包括在厌氧生物处理、煤气层开发、酿酒等方面的研究进展和应用。

本书在编写过程中参考了相关中外文献,在此向文献作者表示诚挚的谢意。本书承蒙黑龙江省自然科学基金(E201354)项目的支持。由于作者的水平有限,加之科技的发展日新月异,所以本书的内容仍有不少疏漏之处,敬请广大读者及同行批评指正。

作　者
2013 年 6 月

前　言

目 录

第1章　产甲烷菌的分类

1.1　微生物的分类

1.1.1　微生物的分类原则

对微生物进行分类存在两种截然不同的分类原则:第一种是根据表型特征的相似性分群归类,这种表型分类重在应用,不涉及生物进化或不以反映生物亲缘关系为目标;第二种分类原则是指研究各类微生物进化的历史,按照生物系统发育相关性水平来分群归类,其目标是探寻各种生物之间的进化关系,建立反映生物系统发育的分类系统。

1.1.1.1　表型分类

许多特征被用于微生物分类和鉴定,这些特征分为两类:经典特征和分子特征。

1.经典特征

分类学的经典方法是利用形态学、生理学、生物化学、生态学和遗传特征来分类,这些特征用于微生物分类已有许多年了。日常鉴定中它们是非常有用的,并可以同时提供系统发育信息。

(1)形态特征。

有许多理由认为形态特征在微生物分类学中是重要的。形态学容易观察和分析,特别是在真核微生物和更复杂的原核生物中。另外,比较形态也是有价值的,因为形态特征依赖于许多基因的表达,通常是遗传稳定的,并且正常情况下(至少在原核生物中)形态不会随环境改变而有大的变化。因此,形态相似性常常是与系统发育关系密切的特征。

许多不同形态特征用于微生物分类和鉴定(表1.1)。虽然光学显微镜始终是非常重要的工具,但约 $0.2~\mu m$ 的分辨率极度限制了它用于观察更小的微生物及结构。透射和扫描电镜,因其更高的分辨率,已极大地帮助了所有微生物类群的研究。

表1.1　分类和鉴定中使用的形态学特征

特征	微生物类群
细胞形状	所有主要类群
细胞大小	所有主要类群
菌落形态	所有主要类群
超微结构特征	所有主要类群
染色行为	细菌,一些真菌
纤毛和鞭毛	所有主要类群
运动机制	滑行细菌,螺旋体
内生孢子形状和位置	形成内生孢子细菌
孢子形态和位置	细菌、藻类、真菌
细胞内含物	所有主要类群
颜色	所有主要类群

（2）生理和代谢特征。

因为生理和代谢特征直接与微生物的酶和转运蛋白的本性和活性相关，所以它们是非常有用的。由于蛋白是基因的产物，分析这些特征即是提供了微生物基因组间的间接比较。

分类和鉴定中使用的生理和代谢特征有：碳源和氮源；细胞壁组成；能源；发酵产物；一般营养类型；最适生长温度和范围；发光；能量转换机制；运动性；渗透耐性；氧关系；最适 pH 值和生长范围；光合作用色素；盐需求及耐性；次级代谢产物形成；对代谢抑制剂和抗生素的敏感性；贮藏内含物。

（3）生态特征。

许多特征是自然界中的生态特征，因为它们影响着微生物与其环境之间的关系。因为根据生态特征即使是关系非常近的微生物也能区分开，所以这些特征是有分类价值的。生活在人体不同部位的微生物相互间不同，并且也不同于那些生活在淡水、陆地上和海洋环境中的微生物。下面是一些分类学上重要生态特征的例子，如生命循环类型；天然共生关系；对特定宿主致病能力；栖息地参数如对温度、pH 值、氧和渗透浓度的要求，其中许多生长需求也被认为是生理特征。

（4）遗传分析。

因为大多数真核生物能有性繁殖，所以在这些生物分类中遗传分析是相当有用的。前面已提到，根据有性繁殖定义种，虽然原核生物没有有性繁殖，在它们分类时研究通过转化和接合导致染色体基因交换，有时是有用的。

转化可发生在原核生物不同种之间，但在属间非常少。两菌株之间的转化发生表明它们关系近，因为除非细菌基因组相当相似，否则不能发生转化。在以下几个属已进行了转化研究：杆菌属、微球菌属、嗜血菌属、根瘤菌属及其他属。

接合研究也能够提供有用数据，特别是对肠道细菌。例如，埃希氏菌属能与沙门氏菌属和志贺氏菌属接合但不能与变形菌属和肠杆菌属接合，与其他数据结合分析表明，前 3 个属彼此间关系近于同变形菌属和肠杆菌属的关系。

质粒在分类学上无疑是重要的，因为大多数细菌都有质粒，并且许多质粒携有编码表型性状的基因。如果质粒携有在分类计划中的主要特性的基因，那么质粒对分类将有重要影响，但是最好是依据许多特征进行分类。当依据非常少的特征来分类时，而其中一些特征由质粒基因编码，那么可能会得出错误结果。例如，硫化氢产量和乳糖发酵在肠道细菌分类中是非常重要的特征，但是编码这两个特征的基因可以在质粒上也可以在细菌染色体上，因此必须避免由质粒携带特征而导致的错误结果。

2. 分子特征

分类学最有力的方法是通过蛋白质和核酸的研究而得出的方法。因为这些物质或是直接基因产物或是基因自身，所以比较蛋白质和核酸会获得真正相关性的重要信息，在原核生物分类学中这些最新方法变得更为重要。

（1）蛋白质。

蛋白质的氨基酸序列是 mRNA 序列的直接反映，并且与编码它们合成的基因的结构紧密相关。因此比较不同微生物的蛋白质对分类学有重要作用。蛋白质的比较有几种方法，最直接的方法是测定有相同功能蛋白的氨基酸序列。不同功能的蛋白质序列通常以不同速率改变（一些序列改变相当迅速，而另一些则非常稳定）。然而，如果相同功能蛋白质的序列是相似的,拥有它们的生物可能亲缘关系较近。细胞色素和其他电子传递蛋白、组蛋白、转录和翻译蛋白、多种代谢酶的蛋白质的序列已经用于分类研究中。因为蛋白质测序缓慢又昂贵,所以比较蛋白质经常采用许多间接方法,在种和亚种水平上研究亲缘关系时蛋白质的电泳迁移率是有用的。抗体能区分非常相似的蛋白质,并且免疫学技术已用来比较不同微生物的蛋白质。

酶的物理、动力的和调控的特性已用于分类学研究。因为酶行为反映了氨基酸序列,当研究某些微生物类群时,这个方法是有用的,并已经发现调控的特定类群模型。

(2)核酸碱基组成。

微生物基因组能直接比较,估计微生物分类的相似性可用许多种方法。测定 DNA 碱基组成这种方法可能是最简单的。DNA 包含 4 个嘌呤和嘧啶碱基:腺嘌呤(A)、鸟嘌呤(G)、胞嘧啶(C)和胸腺嘧啶(T)。在双链 DNA 中,腺嘌呤(A)与胞嘧啶(C)配对,鸟嘌呤(G)与胸腺嘧啶(T)配对。因此 DNA 中的(G+C)/(A+T)比率、(G+C)含量[(G+C) content]或(G+C)摩尔分数,反映了碱基序列,并且随着碱基改变而改变。

$$(G+C)摩尔分数 = \frac{G+C}{G+C+A+T} \times 100\%$$

可以用几种方法测定 DNA 碱基的组成。虽然水解 DNA 之后再用高效液相层析(HPLC)分析碱基也能确定(G+C)摩尔分数,但是物理方法更简单些并更常用。(G+C)摩尔分数常通过 DNA 的解链温度(melting temperature, T_m)来测定。双链 DNA 中 G、C 碱基对通过 3 个氢键连接,A、T 碱基之间由 2 个氢键连接,因此高(G+C)摩尔分数的 DNA 将有更多氢键,在更高温度下才能分开。DNA 解链能用分光光度法检测到,因为 DNA 在 260 nm 的紫外吸光度随双链的分开而升高。缓慢加热 DNA 样品时,吸光度随着氢键断裂而增加,当所有 DNA 都成为单链时,吸光度达到一个平台。上升曲线的中间点即为解链温度,直接测定了(G+C)摩尔分数。因为 DNA 的密度随(G+C)摩尔分数线性增加,所以 DNA 的氯化绝密度梯度离心就能得到(G+C)摩尔分数。

已测定的微生物的(G+C)摩尔分数见表 1.2。动物和高等植物的(G+C)摩尔分数约为40%,在 30% ~ 50% 之间。相反,真核和原核微生物(G+C)摩尔分数改变很大,原核生物(G+C)摩尔分数是变化最大的,在 25% ~ 80% 之间。特定种的菌株的(G+C)摩尔分数是稳定的,如果两种微生物(G+C)含量差别超过了约 10%,则可以判断它们的基因组有较大碱基顺序差别。但是,不能保证(G+C)摩尔分数非常相似的生物就有相似 DNA 碱基序列,因为碱基序列差别非常大的 DNA 能有相同的 A、T 和 G、C 碱基对组成。仅仅在两种微生物表型也相似时,才能认为它们的相似(G+C)摩尔分数表明它们亲缘关系近。

表 1.2　微生物的代表性(G+C)含量

生物	(G+C)摩尔分数/%	生物	(G+C)摩尔分数/%	生物	(G+C)摩尔分数/%
细菌		螺旋体属	51~65	粘菌	
放线菌属	59~73	葡萄球菌属	30~38	网柄菌属	22~25
鱼腥蓝细菌属	38~44	链球菌属	33~44	*Lycogala*	42
芽孢杆菌属	32~62	链霉菌素	69~73	*Physarum olycephalum*	38~42
拟杆菌属	28~61	硫化叶菌属	31~37	真菌	
蛭弧菌属	33~52	热原体属	46	二孢蘑菇	44
柄杆菌属	63~67	硫杆菌属	52~68	蛤蟆菌	57
衣原体属	41~44	密螺旋体属	25~54	黑曲霉	52
绿菌属	49~58	藻类		埃莫森小芽枝霉	66
着色菌属	48~70	地中海伞藻	37~53	白假丝酵母	33~35
梭菌属	21~54	衣藻	60~68	麦角菌	53
噬纤维菌属	33~42	小球藻	43~79	白绒鬼伞	52~53
异常球菌属	62~70	*Cryptica* 小环藻	41	岑层孔菌	56
埃希氏菌属	48~52	纤维裸藻	46~55	鲁氏毛霉	38
盐杆菌属	66~68	丽藻	49	粗糙脉孢菌	52~54
生丝微菌属	59~67	有菱菱形藻	47	特异青霉	52
甲烷杆菌属	32~50	*Danica* 棕鞭藻	48	沼生多孔菌	56
微球菌属	64~75	三菱多甲藻	53	黑根霉	47
分支杆菌素	62~70	栅藻	52~64	啤酒酵母	36~42
支原体属	23~40	水绵藻	39	寄生水霉	61
粘球菌属	68~71	*Carteri* 团藻	50		
奈瑟氏球菌属	47~54	原生动物门			
硝化杆菌属	60~62	*Acanthamocba castallani*	56~68		
颤蓝细菌属	40~50	阿米巴变形虫	66		
原绿蓝细菌属	41	草履虫	29~39		
变形菌属	38~41	*Berghei* 疟虫	41		
假单胞菌属	58~70	多态喇叭虫	45		
红螺菌属	62~66	四膜虫	19~33		
立克次氏体属	29~33	毛滴虫	29~34		
沙门氏菌属	50~53	锥体虫	45~39		
螺菌属	38				

(G+C)摩尔分数至少在两个方面是有分类学价值的。首先,与其他数据结合它们能确定一个分类大纲,如果在同一个分类单元中的生物(G+C)摩尔分数差别太远,这个分类单元可能应该再划分一下;第二,(G+C)摩尔分数在鉴定细菌属时是有用的,因为即使属之间的(G+C)摩尔分数可以改变非常大,同一个属内的含量改变常常小于10%。例如,葡萄球菌属的(G+C)摩尔分数在30%~38%之间,而微球菌属(*Micrococcus*) DNA 的(G+C)摩尔分数为64%~75%。这两个革兰氏阳性球菌属之间仍有很多其他特征相同。

（3）核酸杂交。

用核酸杂交（nucleic acid hybridization）方法能更直接比较基因组相似性。如果将 DNA 因加热而解开形成的单链 DNA 混合物，在低于 T_m 约 25 ℃温度处保温，那么互补碱基序列的链将会重新结合形成稳定双链 DNA，然而非互补链仍将是单链。因为不完全相似的链在较低温度下会形成较稳定双链 DNA 杂交体，在低于 T_m 为 30～50 ℃时的温育混合物将会让较多单链 DNA 杂交，而 T_m 小于 10～15 ℃的温育则仅仅让几乎一致的链形成杂交体。

在最广泛使用的杂交技术中，结合有非放射性 DNA 链的硝酸纤维素膜与 ^{32}P、^3H 或 ^{14}C 放射性标记的单链 DNA 片段在合适温度下温育，放射性片段与膜结合的单链 DNA 杂交之后，洗膜以便去掉那些未杂交单链 DNA，并测定它的放射性。膜结合的放射性的量反映了杂交的总量，因此也反映了 DNA 序列的相似性。相似性或同源性的程度以膜上实验 DNA 放射性的百分比与在同样条件结合同源 DNA 放射性百分比的比较来表示。如果两株菌在最适杂交条件下 DNA 至少有 70% 相关性，并且 T_m 值的差别小于 5% ，那么就认为它们是同一个种的成员。

如果 DNA 分子在序列上差别非常大，它们将不能形成稳定、可检测的杂交体，因此 DNA-DNA 杂交仅仅用来研究亲缘关系较近的微生物。亲缘关系较远的生物通过用放射性核糖体或转移 RNA 为材料的 DNA-RNA 杂交实验来进行比较。之所以能够检测远的亲缘关系，是因为 rRNA 和 tRNA 基因仅仅代表总 DNA 基因组的一小部分，并且没有大多数其他微生物基因进化迅速。这个技术与用于 DNA-DNA 杂交的技术相似：膜结合 DNA 与放射性 rRNA 温育，洗涤，并计数。一个更精确测定同源性的方法是找到从膜上解离和移去一半放射性 rRNA 所需的温度；这个温度越高，rRNA-DNA 复合体越强，并且序列越相似。

（4）核酸测序。

基因组结构除了用于（G+C）摩尔分数测定和核酸杂交研究之外，仅仅通过对 DNA 和 RNA 测序也能直接比较。现在已经有了快速测定 DNA 和 RNA 序列的技术；迄今为止，RNA 序列已经在微生物分类学中得到了更广泛的应用。

人们更多地关注 5S tRNA 和 16S tRNA 的序列，它们分别是从原核生物核糖体 50S 和 30S 亚基中分离出来的。这些 rRNA 是研究微生物进化和相互关系的难得的理想材料，因为发现它们对所有微生物的一个主要细胞器——核糖体是必要的。它们的功能在所有核糖体中是一样的。因此，它们的结构随时间改变非常慢，可能由于它们是恒定和必要的功能。因为 rRNA 包含可变和稳定的序列，所以亲缘关系近和远的微生物都能比较。这是一个重要优点，仅仅使用随时间变化一点点的序列就能研究亲缘关系远的生物。

依据用如下寡核苷酸编目方法得到的部分序列能分析核糖体 RNA 特征。首先用 T_1 核糖体核酸酶处理经纯化的、放射性标记的 16S rRNA，前者可将后者切成片段。片段分离，包括至少 6 个核苷酸的所有片段都测序。然后把不同细菌的对应 16S rRNA 片段的序列集中，用计算机进行比较，计算相关系数（S_{ab} 值）。现在采用如下方法测定 rRNA 全序列。首先，分离和纯化 RNA，然后，使用反向转录酶合成互补 DNA，使用的引物是与保守 rRNA 序列互补的；其次，聚合酶链式反应（PCR）扩增这个 cDNA；最后，测定 cDNA 序列。从这个结果中推出 rRNA 序列。最近已经测定了一些细菌原核生物的全基因组序列。原核生物分类中直接比较全基因组序列无疑将会是重要的。

1.1.1.2　生物系统发育的分类系统

1. 分子计时器

核酸和蛋白质的序列随时间而改变,并被认为是分子计时器(molecular chronometers)。这个概念首先由 Zuckerkandl 和 Pauling(1965)提出,在使用分子序列决定系统进化关系中是最重要的一个概念,并且该概念是建立在有一个进化钟的假说之上。该假说认为许多rRNA 的序列和蛋白质随时间逐步改变,并且不破坏或极少改变它们的功能。人们假设这样的改变是选择中性的,完全随机发生,并随时间直线上升,当两个类群生物相同分子的序列非常不同时,那么很早以前一个类群就从另一个类群中分开了。用分子计时器分析系统发育有些复杂,因为序列改变的速率能够变化;某些时期会发生特别快的改变。而且,不同分子和相同分子的不同部位会以不同速率改变。用高度保守分子如 rRNA 来跟踪大尺度进化改变,而快速改变的分子用于跟踪物种形成。但是需要进一步研究来建立进化钟假说的准确性和有用性。

2. 系统发育树

系统发育关系用分支图或树的形式说明一棵系统发育树(phylogenetic tree)是由连结节的分支组成的(图 1.1)。这些节代表分类单位如种或基因,那些在外的节,位于分支的末端,代表活的生物。这棵树可以有一个时间尺,分支的长度可以代表发生在两个节之间的分子改变的数目。系统发育树可以是无根的,也可以是有根的。一棵无根树[图 1.1(a)]仅仅表示系统发育关系但是不提供进化途径。图 1.1(a)表示 A 与 C 比与 B 或 D 关系近,但是不能明确 4 个种共同的祖先或变化的方向。相反,有根的树[图 1.1(b)]给出了一个节作为那个共同祖先,并且显示了来自这个根的 4 个种的发育。

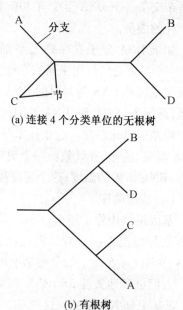

(a) 连接 4 个分类单位的无根树

(b) 有根树

图 1.1　系统发育关系

比较两个分子时,为了排列并比较同源序列首先必须对齐以便于相同的部分配对,相似的两个分子是因为它们在过去有一个共同起源。由于这一工作量特别大,因此必须应用计算机和数学来缩小被比较序列的分歧和不匹配的数目。

排列了分子之后,就能测定序列中改变的位置的数目,然后用测得的数据来计算序列间差别的程度。这个差别表示为进化距离(evolutionary distance),进化距离仅仅是两个排列大分子差别的位置数目的定量表示。对发生的回复突变和多重置换可作统计修正,然后根据序列相似性把生物聚集在一起,最相似的生物聚集在一个类群,然后与剩下的生物比较,与相似性或进化距离水平较低的聚在一起形成一个较大类群,这个过程继续进行,一直到所有的生物都包括在这棵树上。

3. rRNA、DNA 和蛋白质作为系统发育的指示物

虽然能够使用各种分子技术来推测原核生物的系统发育关系,但是比较从几千种菌株中分离出来的 16S rRNA 仍然是特别重要的(图 1.2)。完整 rRNA 或 rRNA 片段都能测序和比较,采用从 rRNA 研究中得出的相关系数或 S_{ab} 值作为亲缘关系的一个真实测量,S_{ab} 值越高,生物之间亲缘关系就越近;如果两种生物的 16S rRNA 序列是同样的,则 S_{ab} 值为 1.0。S_{ab} 值也是进化时间的测量,一群很早就分叉的原核生物,其 S_{ab} 值将会在一个大范围内,因为它比那些最近发育的类群有更多时间去分化。S_{ab} 值测定之后,用计算机计算生物之间的亲缘关系,并且将它们的关系总结在一棵树或树状图中。

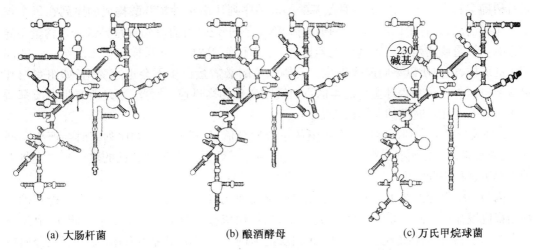

(a) 大肠杆菌   (b) 酿酒酵母   (c) 万氏甲烷球菌

图 1.2 小核糖体亚单位 RNA

　　许多主要系统发育类群的 16S rRNA 有一个或多个被称为寡核苷酸标签的特征核苷酸序列。寡核苷酸标签序列(oligonucleotide signature sequences)是特殊的寡核苷酸序列,一个特定系统发育类群的大多数或全部成员都有这个序列。其他类群很少或从不存在这个标签序列,即使是在亲缘关系近的细菌中。因此标签序列能用来把微生物放在正确的类群中。细菌、古生菌、真核生物和许多主要原核生物类群都已经鉴定出了标签序列(表 1.3)。

表 1.3 一些细菌类群的被选择的 16S rRNA 标签序列

rRNA 中的位置	γ 变形杆菌	一致组成	蓝细菌	螺旋体	拟杆菌属	绿硫菌	绿色非硫菌	异常球菌属	革兰氏阳性菌低 (G+G)	革兰氏阴性菌低 (G+G)	浮霉状菌属
47	C	+	+	U	+	+	+	+	+	+	G
53	A	+	+	G	+	+	G	+	+	+	G
570	G	+	+	+	+	U	+	+	+	+	U
812	G	C	+	+	+	+	+	C	+	+	+
906	G	AC	+	+	+	+	A	+	+	+	A
955	U	+	+	+	+	+	+	+	+	AC	C
1207	G	+	C	+	+	+	+	+	C	C	+
1234	C	+	+	a	U	A	+	+	+	+	+

注:加号表示类群有一致序列的碱基,如果给出大写字母,表示有 90% 以上发生变化,小写字母代表较少发生碱基改变(<15%)

　　虽然在种水平上比较 rRNA 是有效的,但是对不同的种和属进行分类时,用(G+C)含量或杂交来研究 DNA 相似性更有效些。如同用 rRNA 一样,细胞的 DNA 组成不随生长条件改变。比较 DNA 也是依据完整基因组,而不是一部分,并且使得以 70% 亲缘关系的标准精确定义一个种更加容易。

　　最近研究出现了蛋白质序列来做系统发育树。相对于 rRNA 而言,蛋白质序列的系统发育树确实具有优势。因为20 种氨基酸构成的序列比由 4 种核苷酸构成的序列在每个点上有更多信息,并且蛋白质序列比 DNA 和 RNA 序列较少,并且受物种特异(G+C)含量差异的影响。最重要的是蛋白质排列更容易,因为它不像 rRNA 序列那样依赖二级结构。如同期望的那样,蛋白质以不同速率进化。功能恒定的必需蛋白质不会迅速变化(如组蛋白和热激蛋白),然而像免疫球蛋白之类的蛋白质则变化相当迅速。因此,不是所有蛋白质都适合于研究发生在长时期的大标尺改变。

　　3 种大分子的序列都能提供有价值的系统发育信息,然而不同的序列有时会产生不同的树,并且难以决定哪种结果是最精确的。许多分子数据加上表型特征的进一步研究将有助于解决这种不确定性。

　　因为系统发育的结果随着分析数据的变化而变化,许多分类学家认为所有可能正确的数据都应该被用来测定系统发育。分类技术的选用依赖于分类方案的水平。例如,血清学技术能用于鉴定菌株而不是属或种。蛋白质电泳的方法对决定种很有用,却不能区分属或科。DNA 杂交及(G+C)含量的分析能用于研究种和属。一些特征诸如化学组成、DNA 探针结果、rRNA 序列和 DNA 序列能用于限定种、属和科。尽可能多的特征可得到更稳定、更可靠的结果。

1.1.2　微生物的分域

　　Carl Woese 和他的合作者使用 rRNA 研究结果将所有活的生物分成 3 个域(domains):细菌、古生菌和真核生物。第一个类群,细菌包含了原核生物的绝大部分。细菌的细胞壁由含胞壁酸的肽聚糖组成,或与有如此细胞壁的细菌相关联,并含有与真核生物膜脂相似的酯键、直链脂肪酸的膜脂类(表 1.4)。第二个类群,古生菌很多方面与细菌不同,某些方面与真核生物相似。

　　与细菌不同,古生菌的细胞壁无胞壁酸,并且具有如下特性:

　　(1)有醚键分支脂肪族链的膜脂。

　　(2)转移 RNA 的 T 没有胸苷。

　　(3)特殊的 RNA 聚合酶。

　　(4)不同组成和形状的核糖体。

　　从表 1.4 中可以看出细菌和古生菌都与真核细胞有一些共同的生化特性,例如,细菌和真核生物有脂键膜脂类;古生菌和真核生物就 RNA 和蛋白质合成系统的某些成分而言是相似的。

表 1.4 比较细菌、古生菌和真核生物

特征	细菌	古生菌	真核生物
有核仁、核膜的细胞核	无	无	有
复杂内膜的细胞器	无	无	有
细胞壁	几乎都含胞壁酸的肽聚糖	多种类型,无胞壁酸	无胞壁酸
膜脂	酯键脂,直链脂肪酸	醚键脂,支脂族链	酯键脂,直链脂肪酸
气囊	有	有	无
转移 RNA	大多数 tRNA 有胸腺嘧啶	tRNA 的 T 臂中无胸腺嘧啶	有胸腺嘧啶
多顺反子 mRNA	起始 tRNA 携带甲酰甲硫氨酸	起始 tRNA 携带甲硫氨酸	起始 tRNA 携带甲硫氨酸
mRNA 内含子	有	有	无
mRNA 剪接、加帽及聚腺苷酸尾	无	无	有
核糖体	无	无	有
大小	70S	70S	80S(胞质核糖体)
延伸因子	不与白喉杆菌毒素反应	反应	反应
对氯霉素和卡那霉素敏感性	敏感	不敏感	不敏感
对茴香霉素敏感性	不敏感	敏感	敏感
依赖 DNA 的 RNA 聚合酶的数目	1 个	几个	3 个
结构	简单亚基形式(4 个亚基)	与真核生物酶相似的复杂亚基形式(8~12 个亚基)	复杂亚基形式(12~14 个亚基)
利福平敏感性	敏感	不敏感	不敏感
聚合酶 Ⅱ 型启动子代谢	无	有	有
相似 ATP 酶	无	是	是
产甲烷	无	有	无
固氮	有	有	无
以叶绿素为基础的光合作用	有	无	有
化能无机自养型	有	有	无

虽然古生菌、细菌和真核生物这 3 个域的观点获得最广泛接受,但也有其他的系统发育树,图 1.3 给出了一些系统发育树的示意图。图 1.3(a)表示的是 3 个类群之间是等距的,并与早期 rRNA 数据相符。图 1.3(b)代表最被认可的系统发育树,其中古生菌和真核生物有共同的祖先,像细菌之类的生物可能比其他的域先存在。第三个系统发育树,称为原生细胞(eocyte)树[图 1.3(c)],认为依赖硫并且极端嗜热的原核生物为原生细胞(最早出现的细胞),是一个单独类群,与真核生物的关系较之与古生菌亲缘关系近。最后,有些人提出真核细胞是嵌合的,由一个细菌和一个古生菌融合生成,可能是缺少细胞壁的细菌吞食了一个似原生细胞古生菌[图 1.3(d)]。

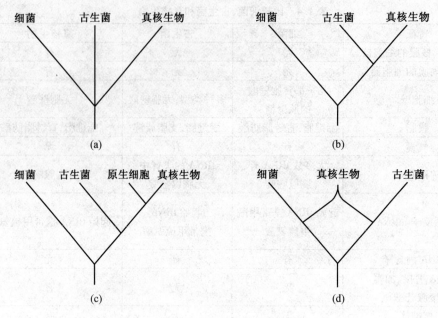

图 1.3　生命树的不同形式

1.2　产甲烷菌的分类

1990 年,伍斯提出了三域分类学说:生物分为真核生物、真细菌和古生菌三域。古生菌作为微生物三个域中的一种,是一类很特殊的细菌,多生活在海底热溢口以及高盐、强酸或强碱性水域等极端环境中。古生菌又可以分为热变形菌、硫化叶菌、嗜压菌、产甲烷菌、盐杆菌、热原体、热球菌。其中,研究最多的是产甲烷菌。

产甲烷菌作为一个生理和表型特征独特的类群,其突出的特征是能够产生甲烷。它们生活在极端的厌氧环境中,如海洋、湖泊、河流沉积物、沼泽地、稻田和动物肠道,与其他群细菌互营发酵复杂有机物产生甲烷。

产甲烷菌是厌氧发酵过程中的最后一个环节,在自然界碳素循环中扮演重要角色。由于产甲烷菌在废弃物厌氧消化、高浓度有机废水处理、沼气发酵及反刍动物瘤胃中食物消化等过程中起关键性作用,也由于产甲烷菌所释放出来的甲烷是导致温室效应的重要因素,因此对于产甲烷菌的研究成为环境微生物研究的焦点之一。

1.2.1　产甲烷菌的分类标准

1988 年,国际细菌分类委员会产甲烷菌分会提出了产甲烷菌分类鉴定的基本标准。这一基本标准既参考了过去沿用的表型特征的描述,也指出基于形态结构和生理特征的描述经常难以区分分类群中的差异,不能正确断定分类群种系发生的地位,新的分类鉴定的基本标准增加了化学、分子生物学和遗传学有关的分类数据,为使新的分类种系的位置更确切,常常依靠核酸序列、核酸编码的研究或黑白指纹法的研究。

在该次会议上提出一个观点:确定一个种的分类位置时,系统发育上的数据和标准应当优先于生理学和形态学的特征。也就是说,正确的分类标准必须在提供大量表型特征的描述外,还要指明分类对象系列发育中有关的资料。因此,产甲烷菌分类委员会提出以下内容作为进行产甲烷菌分类鉴定的基本标准。

1. 纯培养物

新种的描述,需要典型菌株的纯培养物,未获得纯培养的任何种的描述一般都是不可靠的,尽管在特殊情况下,有些种的纯培养物获得是非常困难的,关于索氏丝状菌分类地位的描述较长时期存在着困难,就是由于不少研究者获得的菌群难以证明它们为纯培养物。

纯培养的产甲烷菌的基本特征为:

(1)要在严格厌氧条件下才能生长。

(2)根据不同产甲烷菌的基质利用特点,只能在以 H_2/CO_2、甲酸、甲醇、甲胺或乙酸为能源和碳源的培养基中生长,而不能在其他基质中生长。

(3)在生长过程中必然有甲烷产生。

2. 细菌形态观察

形态的描述包括细菌形态的大小、形态、多细胞下的排列状况。一般采用较高倍数的显微镜进行实地观察,有条件的情况下,最好采用相差显微镜或电子显微镜。超微结构的观察无疑对种的描述将更详尽。要注意观察在重率培养基表面或深层、不同培养基条件下的细菌形态的变化;要注意不同发育时期细菌细胞的变化;还应注意一些细微的变化,如细胞两端的形态差异、孢子着生部位、孢囊形状。显微镜检要取新鲜培养物,观察时应放置在盖片的中心位置。一般细胞在溶解发生的情况下,就不能代表细菌的本来形态。

3. 细菌溶解的敏感性

取对数生长中期至后期的细胞,通过去污剂和低渗的条件来观察细胞溶解的敏感性,可将培养物置于暴露(10 min)和不暴露情况下进行对比观察,混浊减小表明细胞溶解。

4. 革兰氏染色

革兰氏染色反应阳性或阴性可以判断细胞壁的结构和组成,而产甲烷菌测定革兰氏染色反应的重要性比真细菌要小得多。革兰氏染色对产甲烷菌来说,多数情况下易出现染色结果多变。革兰氏染色的结果应与已知革兰氏阳性或阴性菌株进行比较,因为产甲烷菌缺乏含有胞壁酸的胞壁质,不具有典型的革兰氏阳性或阴性的胞壁结构,因此产甲烷菌革兰氏染色检验结果常被报道成“细胞染色”阳性或阴性。也有一些只含有蛋白质细胞壁的产甲烷菌,在干燥过程中,由于细胞的溶解,影响了其革兰氏反应的测定。

5. 运动性

一些产甲烷菌在许多情况下,都可以制作湿片从显微镜中观察到。观察细菌的移动性,应该观察不同生长阶段的培养物。目前报道的多数具运动性的产甲烷菌一般都同时报道其细胞运动器官的显微镜或电镜的照片。运动性的观察应注意细胞在液体中的布朗运动,此种情况不足以说明细菌的运动性。

6. 菌落形态

菌落形态的描述,依靠生长在滚管或平板的固体培养基上表面菌落的出现,如果不能获得表面菌落,表面下的菌落描述可以代替表面菌落的描述。应利用解剖镜或透镜从上至下观察滚管中的菌落,变化光源的位置和强度对展现菌落的形态是有益的。进行形态学观察和描述时,滚管中的菌落应少于 30 个。注意菌落的形态、大小、颜色及菌落有无和气体裂缝的记载。

如果在固体培养基上不能形成菌落,可用液体培养的生长状况的描述代替菌落形态学的描述。

7. 基质范围

必须专门进行代谢甲酸、H_2+CO_2、甲醇、甲胺(一、二、三甲胺)和乙酸的能力的测定,并确定可以利用哪些基质。一些菌株也许能利用异丙醇+CO_2、乙醇+CO_2、甲醇(甲胺)+H_2或者二甲醇。测定基质的利用应在无抑制生长的标准情况下进行。由可能的基质所引起的抑制,可通过接种培养基的方式测定。培养基应包括:①含有该基质的单一性基质;②含有上述基质并加入少量微生物能够代谢的第二种基质;③仅含少量的能够代谢的第二种基质。测定这些培养基产生的 CH_4,指示所提到的基质是否妨碍了代谢基质的利用,以及这种基质是否能被代谢。如果发现甲烷八叠球菌属中的成员不能利用乙酸,那么应在含有乙酸并加少量的 H_2 的培养基中测定其降解乙酸的能力。

8. 产物形成

用气相色谱仪可以比较容易地测定作为主要代谢产物的 CH_4,产甲烷菌在生长过程中一定有 CH_4 产生。

9. 比生长率的测定

应测定生长对数期培养的比生长率。由于 H_2 的溶解性差,生长在这种基质上的培养物必须常常摇动,以避免基质利用受限。许多方法都适合测定甲烷菌的生长,一般情况下,都尽可能采用两种不同的方式测定。浊度的测定快速而且容易,但菌体中含有大量鞭毛、聚团物时,必须采用其他的方式测定。CH_4 的形成可用来表示产甲烷菌细胞的生长,但在计算比生长率时,必须考虑接种细胞所形成的 CH_4。

10. 生长条件的测定

应该在其他最适条件下测定影响生长的因子。评价与其他种的比较时,应该做有其他种典型菌株的对照。

(1)培养基。

通过测定在含有代谢基质的矿质培养基中的生长情况,以确定对有机生长因子的基本需要。即在培养基中含有下列单一或复合物质时生长情况的测定,这些物质是乙酸、复合维生素、辅酶 M、牛瘤液蛋白胨和酵母膏。Se、W、Mo 等元素需求的测定也是重要的,但可以任意选择。

(2)最适温度和温度范围。

用少量的接种,在不同的温度下测定比生长率。用形成的产物(如产生的甲烷)表示生长量,应检查培养物的生长曲线,以确保是否属倍增生长。在同样的温度下如果产甲烷速率低或不呈对数生长的培养出现,应利用新制作的培养基培养获得的气质分析来确定甲烷生长是否为倍增生长。

(3)最适 pH 值和 pH 值范围。

在不同 pH 值的培养基中,通过比较比生长率的测定,可以确定 pH 值范围和最适生长 pH 值。当用碳酸盐缓冲培养基时,应注意防止盐浓度过量而引起的抑制。制备高 pH 值的培养基时,必须减少部分 CO_2 的压力,以防止碳酸盐浓度过量。由于生长过程中用 H_2/CO_2 生成甲烷,会使培养基的 pH 值增加,这可采用反复向容器中加 H_2/CO_2(3∶1)增加压力至原始压力以确保 pH 值保持在有效范围内变化。

(4)NaCl 的最适浓度。

在含有不同 NaCl 浓度的培养中测定比生长率,以确定 NaCl 的最适浓度时,一般采用直接加固体的方法,而不直接利用高浓度 NaCl 的稀释。

11. 测定 DNA 的(G+C)含量

采用不同方法测定(G+C)含量时,所得的值会有差异。因此,对一个菌进行分类时,如果两个菌之间的(G+C)含量比较起着关键性的作用,那么两个菌的(G+C)含量测定方法应该是相同的。

1.2.2 产甲烷菌的分类

几十年来,不同的微生物分类学家提出各种不同的分类观点,近来对产甲烷菌类地位的看法也日趋一致。目前比较完善的分类有两种:一是按照最适温度的产甲烷菌的分类;二是以系统发育为主的产甲烷菌的分类。

1.2.2.1 按照最适温度的产甲烷菌的分类

以温度来划分产甲烷菌,主要是因为温度对产甲烷菌的影响是很大的。当环境适宜时,产甲烷菌得以生长、繁殖;过高、过低的温度都会不同程度地抑制产甲烷菌的生长,甚至死亡。

根据最适生长温度(T_{opt})的不同,研究者将产甲烷菌分为嗜冷产甲烷菌(T_{opt} 低于 25 ℃)、嗜温产甲烷菌(T_{opt} 为 35 ℃左右)、嗜热产甲烷菌(T_{opt} 为 55 ℃左右)和极端嗜热产甲烷菌(T_{opt} 高于 80 ℃)4 个类群。

1. 嗜冷产甲烷菌

嗜冷产甲烷菌是指能够在寒冷(0 ~ 10 ℃)条件下生长,同时是最适生长温度在低温范围(25 ℃以下)的微生物(表 1.5)。嗜冷产甲烷菌可分为两类:专性嗜冷产甲烷菌和兼性嗜冷产甲烷菌。专性嗜冷产甲烷菌的最适生长温度较低,在较高的温度下无法生存;而兼性嗜冷产甲烷菌的最适生长温度较高,可耐受的温度范围较宽,在中温条件下仍可生长。

2. 嗜温和嗜热产甲烷菌

嗜温和嗜热产甲烷菌的 T_{opt} 分别为 35 ℃和 55 ℃,其生长的温度范围为 25 ~ 80 ℃。1972 年,Zeikus 等从污水处理污泥中分离出第一株热自养产甲烷杆菌开始,各国研究人员已从厌氧消化器、淡水沉积物、海底沉积物、热泉、高温油藏等厌氧生境中分离出多株嗜热产甲烷杆菌,Wasserfallen 等根据多株嗜热产甲烷杆菌分子系统发育学研究,将其立为新属并命名为嗜热产甲烷杆菌属(*Methanothemobacter*),该属分为 6 种,其中 M. thermau-totrophicus str. Delta. H 已经完成基因组全测序工作。仇天雷等从胶州湾浅海沉积物中分离出一株嗜热自养产甲烷杆菌 *JZTM*,直径 0.3 ~ 0.5 μm,长 3 ~ 6 μm,具有弯曲和直杆微弯两种形态,单生、成对、少数成串。能够利用 H_2/CO_2 和甲酸盐生长,不利用甲醇、三甲胺、乙酸和二级醇类。最适生长温度为 60 ℃,最适盐质量分数为 0.5% ~ 1.5%,最适 pH 值为 6.5 ~ 7.0,酵母膏刺激生长。

表 1.5　嗜冷产甲烷菌及其基本特征

菌种	分离时间	分离地点	外形特征	T_{opt}/℃	T_{min}/℃	T_{max}/℃	底物	最适pH值
Methan ococcoides burton	1992	Ace 湖，南极洲	不规则、不动、球状、具鞭毛、0.8~1.8 μm	23	−2	29	甲胺、甲醇	7.7
Methan ogenium frigidum	1997	Ace 湖，南极洲	不规则、不动、球状、1.2~2.5 μm	15	0	19	H_2/CO_2、甲醇	7.0
Methan osarcina lacustris	2001	Soppen 湖，瑞士	不规则、不动、球状、1.5~3.5 μm	25	1	35	H_2/CO_2、甲醇、甲胺	7.0
Methan ogenium marinum	2002	Skan 海湾，美国	不规则、不动、球状、1.0~1.2 μm	25	5	25	H_2/CO_2、甲酸	6.0
Methan osarcina baltica	2002	Gotland 海峡，波罗的海	不规则、有鞭毛、球状、1.5~3 μm	25	4	27	甲醇、甲胺、乙酸	6.5
Methan ococcoides alasken	2005	Skan 海湾，美国	不规则、不动、球状、1.5~2.0 μm	25	−2	30	甲胺、甲醇	7.2

注：T_{opt} 为最适生长温度；T_{min} 为最低生长温度；T_{max} 为最高生长温度

3. 极端嗜热产甲烷菌

极端嗜热产甲烷菌的 T_{opt} 高于 80 ℃，能够在高温的条件下生存，低温却对其有抑制作用，甚至不能存活。Fiala 和 Stetter 在 1986 年发现了 *Pyrococcus furiosus*，该菌的最适生长温度达 100 ℃，并且是严格厌氧的异氧性海洋生物。

1.2.2.2　以系统发育为主的产甲烷菌的分类

系统发育信息主要是指 16S rDNA 的序列分析，16S rRNA 是原核生物核糖体降解后出现的亚单位。16S rRNA 在细胞结构内的结构组成相对稳定，在受到外界环境影响，甚至受到诱变的情况下，也能表现其结构的稳定性。因此，Balch 等（1979）利用比较两种产甲烷细菌细胞内 16S rRNA 经酶解后各寡核苷酸中碱基排列顺序的相似性（即同源性）的大小即 S_{ab} 值，来确定比较两个菌株或菌种在分类上目科属种菌株的相近性。

1979 年根据 S_{ab} 值将产甲烷菌进行分类（表 1.6），主要包括 3 个目、4 个科、7 个属、13 个种。

表 1.6　产甲烷菌的分类(1979 年)

目	科	属	种
甲烷杆菌目	甲烷杆菌科	甲烷杆菌属	甲酸甲烷杆菌
			布氏甲烷杆菌
			嗜热自养产甲烷杆菌
		甲烷短杆菌属	嗜树甲烷短杆菌
			瘤胃甲烷短杆菌
			史氏甲烷短杆菌
甲烷球菌目	甲烷球菌科	甲烷球菌属	万氏甲烷球菌
			沃氏甲烷球菌
		甲烷微菌属	运动甲烷微菌
甲烷微球菌目	甲烷微球科	产甲烷菌属	卡里亚萨产甲烷菌
			黑海产甲烷菌
	甲烷八叠球菌科	甲烷螺菌属	亨氏甲烷螺菌
		甲烷八叠球菌属	巴氏甲烷八叠球菌

随着厌氧培养和分离技术的日渐完善,以及细菌鉴定技术的日渐精深,发现和鉴定的甲烷细菌新种也就越来越多。表 1.7 中列有 3 目、7 科、17 属、55 种的产甲烷菌。

表 1.7　产甲烷菌的分类

目	科	属	种
甲烷杆菌目	甲烷杆菌科	甲烷杆菌属	甲酸甲烷杆菌
			布氏甲烷杆菌
			嗜热自养产甲烷杆菌
			沃氏甲烷杆菌
			沼泽甲烷杆菌
			嗜碱甲烷杆菌
			热甲酸甲烷杆菌
			伊氏甲烷杆菌
			热嗜碱甲烷杆菌
			热聚集甲烷杆菌
			埃氏甲烷杆菌
		甲烷短杆菌属	嗜树甲烷短杆菌
			瘤胃甲烷短杆菌
			史氏甲烷短杆菌
	甲烷热菌科	甲烷球菌属	炽热甲烷热菌
			集结甲烷热菌
	未分科	甲烷球形属	斯太特甲烷球形菌

续表 1.7

目	科	属	种
甲烷球菌目	甲烷球菌科	甲烷球菌属	万氏甲烷球菌
			沃夫特甲烷球菌
			海沼甲烷球菌
			热矿养甲烷球菌
			杰氏甲烷球菌
甲烷微菌目	甲烷微菌科	甲烷微菌属	运动甲烷微菌
			佩氏甲烷微菌
		甲烷螺菌属	亨氏甲烷螺菌
		甲烷产生菌属	卡氏甲烷产生菌
			塔条山甲烷产生菌
			嗜有机甲烷产生菌
		甲烷盘菌属	泥境甲烷盘菌
			内生养甲烷盘菌
		甲烷挑选菌属	布尔吉斯甲烷挑选菌
			黑海甲烷挑选菌
			嗜热甲烷挑选菌
			奥林塔河甲烷挑选菌
	甲烷八叠球菌科	甲烷八叠球菌属	巴氏甲烷八叠球菌
			马氏甲烷八叠球菌
			嗜热甲烷八叠球菌
			嗜乙酸甲烷八叠球菌
			泡囊甲烷八叠球菌
			弗里西甲烷八叠球菌
		甲烷叶菌属	丁达瑞甲烷叶菌
			西西里亚甲烷叶菌
			武氏甲烷叶菌
		甲烷拟球菌属	嗜甲基甲烷拟球菌
		嗜盐甲烷菌属	马氏嗜盐甲烷菌
			智氏嗜盐甲烷菌
			俄勒冈嗜盐甲烷菌
		甲烷盐菌属	依夫氏甲烷盐菌
		甲烷毛发菌属	康氏甲烷毛发菌
			嗜热乙酸甲烷毛发菌
	甲烷微粒菌科	甲烷微粒菌属	小甲烷粒菌
			拉布雷亚砂岩甲烷粒菌
			集聚甲烷粒菌
			巴伐利亚甲烷粒菌
			辛氏甲烷粒菌

在该分类系统中,未包括的科、属、种有:

①盐甲烷球菌属,与列出的甲烷嗜盐菌属无明显区别。

②道氏盐甲烷球菌,与甲烷嗜盐菌属或甲烷盐菌属无明显区别。

③三角洲甲烷球菌,为海沼甲烷球菌的异名。

④嗜盐甲烷球菌,该种的描述与甲烷球菌属矛盾。

⑤甲烷盘菌科,与 16S 序列数据相矛盾。

⑥孙氏甲烷丝菌,非纯培养物,该种的典型菌株可作为参考菌株。

《伯杰系统细菌学手册》第 9 版将近年来的研究成果进行了总结和肯定,并建立了以系统发育为主的产甲烷菌最新分类系统:产甲烷菌可分为 5 个大目,分别是:甲烷杆菌目(Methanobacteriales)、甲烷球菌目(Methanococcales)、甲烷微菌目(Methanomicrobiales)、甲烷八叠球菌目(Methanosarcinales)和甲烷火菌目(Methanopyrales),上述 5 个目的产甲烷菌可继续分为 10 个科与 31 个属,它们的系统分类及主要代谢生理特性见表 1.8。

表 1.8　产甲烷菌系统分类的主要类群及其生理特性

分类单元(目)	典型属	主要代谢产物	典型栖息地
甲烷杆菌目	*Methanobacterium*, *Methanobrevibacter*, *Methanosphaera*, *Methanothermobacter*, *Methanothermus*	氢气和二氧化碳,甲酸盐,甲醇	厌氧消化反应器、瘤胃、水稻土壤、腐败木质、厌氧活性污泥等
甲烷球菌目	*Methanococcus*, *Methanothermococcus*, *Methanocaldococcus*, *Methanotorris*	氢气和二氧化碳,甲酸盐	海底沉积物、温泉等
甲烷微菌目	*Methanomicrobium*, *Methanoculleus*, *Methanolacinia*, *Methanoplanus*, *Methanospirillum*, *Methanocorpusculum*, *Methanocalculus*	氢气和二氧化碳,2-丙醇,2-丁醇,乙酸盐,2-丁酮	厌氧消化器、土壤、海底沉积物、温泉、腐败木质、厌氧活性污泥等
甲烷八叠球菌	*Methanosarcina*, *Methanococcoides*, *Methanohalobium*, *Methanohalophilus*, *Methanolobus*, *Methanomethylovorana*, *Methanimicrococcus*, *Methanosalsum*, *Methanosaeta*	氢气和二氧化碳,甲酸盐,乙酸盐,甲胺	高盐海底沉积物、厌氧消化反应器、动物肠道等
甲烷火菌目	*Methanopyrus*	氢气和二氧化碳	海底沉积物

1.3　产甲烷菌的代表种

由于产甲烷细菌进化上的异源性和分类的不确切性,因此至今在分类系统总体描述上仍不统一,在本节仅对研究比较深入的属和种进行描述。产甲烷菌代表属的选择特征见表1.9。

表1.9　产甲烷菌代表属的选择特征

目	属	形态学	(G+C)摩尔分数/%	细胞壁组成	革兰氏反应	运动性	用于产甲烷的底物
甲烷杆菌目	甲烷杆菌属	长杆状或丝状	32~61	假胞壁质	+或可变	−	H_2+CO_2,甲酸
	甲烷嗜热菌属	直或轻微弯曲杆状	33	有一外蛋白S-层的假胞壁质	+	+	H_2+CO_2
甲烷球菌目	甲烷球菌属	不规则球形	29~34	蛋白质	−	−	H_2+CO_2,甲酸
甲烷微菌目	甲烷微菌属	短的弯曲杆状	45~49	蛋白质	−	+	H_2+CO_2,甲酸
	产甲烷菌属	不规则球形	52~61	蛋白质或糖蛋白	−	−	H_2+CO_2,甲酸
	甲烷螺菌属	弯曲杆状或螺旋体	45~50	蛋白质	−	+	H_2+CO_2,甲酸
	甲烷八叠球菌属	不规则球形、片状	36~43	异聚多糖或蛋白质	+或可变	−	H_2+CO_2,甲醇,甲胺,乙酸

1. 甲酸甲烷杆菌(图1.4)

甲酸甲烷杆菌一般呈长杆状,宽0.4~0.8 μm,长度可变,从几微米到长丝或链状,为革兰氏染色阳性或阴性。在液体培养基中老龄菌丝常互相缠绕成聚集体。在滚管中形成的菌落呈圆形,具有丝状边缘,淡色。用 H_2/CO_2 为基质,37 ℃培养,3~7 d形成菌落。利用 H_2/CO_2、甲酸盐为基质能够生长并产生 CH_4,可在无机培养基上自养生长。最适生长温度为37~45 ℃,最适pH值为6.6~7.8。(G+C)摩尔分数为40.7%~42%。甲酸甲烷杆菌一般分布在污水沉积物、瘤胃液和消化器中。

2. 布氏甲烷杆菌(图1.5)

布氏甲烷杆菌是1967年 Bryant 等从奥氏甲烷杆菌这个混合菌培养物中分离到的,杆状,单生或形成链。革兰氏染色阳性或可变,不运动,具有纤毛。表面菌落直径可达1~5 mm,扁平,边缘呈丝状扩散,一般在一周内出现菌落。深层菌落粗糙,丝状,在液体培养基中趋向于形成聚集体。

图 1.4　甲酸甲烷杆菌

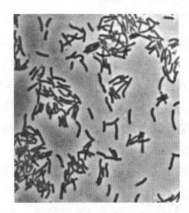

图 1.5　布氏甲烷杆菌

利用 H_2/CO_2 生长并产生甲烷,不利用甲酸,以氨态氮为氮源,要求维生素 B 和半胱氨酸、乙酸刺激生长。最适温度为 37～39 ℃,最适 pH 值为 6.9～7.2,DNA 的(G+C)摩尔分数为32.7% 。分布于淡水及海洋的沉积物、污水及曲酒窖泥中。

3. 嗜热自养甲烷杆菌(图 1.6)

长杆或丝状,丝状体可超过数百微米,革兰氏染色阳性,不运动,形态受生长条件特别是温度所影响,在 40 ℃ 以下或 75 ℃ 以上时,丝状体变为紧密的卷曲状。菌落圆形,灰白、黄褐色,粗糙,边缘呈丝状扩散。只利用 H_2/CO_2 生成甲烷,需要微量元素 Ni、Co、Mo 和 Fe,不需有机生长素。该菌生长迅速,倍增时间为 2～5 h,液体培养物可在 24 h 完成生长,最适生长温度为 65～70 ℃,在 40 ℃ 以下不生长,最适 pH 值为 7.2～7.6,DNA 的(G+C)摩尔分数为49.7%～52% 。可分离自污水、热泉及消化器中。

4. 瘤胃甲烷短杆菌(图 1.7)

呈短杆或刺血针状球形,端部稍尖,常成对或链状,似链球菌,革兰氏染色阳性,不运动或微弱运动。菌落淡黄、半透明、圆形、突起,边缘整齐。一般在 37 ℃ 三天出现菌落,三周后菌落直径可达 3～4 mm,利用 H_2/CO_2 及甲酸生长并产生甲烷;在甲酸上生长较慢。要求乙酸及氨氮为碳源和氮源,还要求氨基酸、甲基丁酸和辅酶 M 。最适生长温度为 37～39 ℃,最适 pH 值为 6.3～6.8,(G+C)摩尔分数为 3%～6% 。分离自动物消化道和污水中。

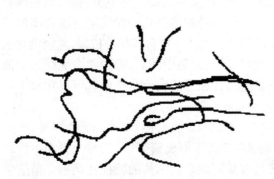

图 1.6　嗜热自养甲烷杆菌

图 1.7　瘤胃甲烷短杆菌

5. 万氏甲烷球菌(图 1.8)

规则到不规则的球菌,直径 0.5～4 μm,单生、成对,革兰氏染色阴性,丛生鞭毛,活跃运动,细胞极易破坏。深层菌落淡褐色,凸透镜状,直径 0.5～1 mm。

利用 H_2/CO_2 和甲酸生长并产生甲烷,以甲酸为底物,最适 pH 值为 8.0～8.5;以 H_2/CO_2 为底物,最适 pH 值为 6.5～7.5。机械作用易使细胞破坏,但不易被渗透压破坏。最适温度为 36～40 ℃,(G+C)摩尔分数为 31.1%。可分离自海湾污泥。

6. 亨氏甲烷螺菌(图 1.9)

细胞呈弯杆状或长度不等的波形丝状体,菌体长度受营养条件的影响,革兰氏染色阴性,具极生鞭毛,缓慢运动。表面菌落淡黄色、圆形、突起,边缘裂叶状,表面菌落具有间隔为 16 μm 的特征性羽毛状浅蓝色条纹。利用 H_2/CO_2 和甲酸生长并产生甲烷,最适生长温度为 30～40 ℃,最适 pH 值为 6.8～7.5,(G+C)摩尔分数为 45%～46.5%。分离自污水污泥及厌氧反应器。亨氏甲烷螺菌是迄今为止在产甲烷菌中发现的唯一一种螺旋状细菌。

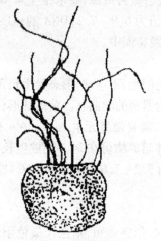

图 1.8　万氏甲烷球菌　　　　　　　　　图 1.9　亨氏甲烷螺菌

7. 巴氏甲烷八叠球菌(图 1.10)

1947 年,荷兰学者 Sehnellen 首次分离出了甲烷八叠球菌属并命名,甲烷八叠球菌通常是 8 个单细胞以图 1.10(a)中的形式进行生长,它存在两种不同的形态:在淡水中生长时,以聚集形式存在,细胞外包裹着杂多糖基质[图 1.10(b)];在高盐环境中生长时,则是以分散形式存在,没有胞外聚合物层[图 1.10(c)]。甲烷八叠球菌是唯一能够通过胞外多糖形成多细胞结构的古细菌,胞外多糖的形成是甲烷八叠球菌的一种自我保护机制,它能吸收水作为湿润剂,保持细胞内的水活度;同时也能减少扩散到细胞中的氧,保护细菌免受氧的损害。甲烷八叠球菌能够耐受高氨、高盐、高乙酸浓度,其独特的表面结构使其可以在水下阴极上生长,可以增强厌氧消化反应器的性能,提高系统的稳定性。

细胞形态为不对称的球形,通常形成拟八叠球菌状的细胞聚体,革兰氏染色阳性,不运动,细胞内可能有气泡。在以 H_2/CO_2 为底物时,3～7 d 可形成菌落;以乙酸为底物生长较慢;以甲醇为底物时生长较快。菌落往往形成具有桑葚状表面结构的特征性菌落。最适生长温度为 35～40 ℃,最适 pH 值为 6.7～7.2,(G+C)摩尔分数为 40%～43%。

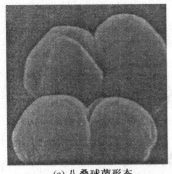

(a) 八叠球菌形态

(b) 淡水环境

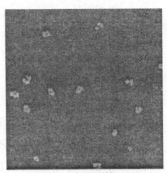

(c) 高盐环境

图 1.10　甲烷八叠球菌细胞的显微照片

8. 索氏甲烷丝菌(图 1.11)

细胞呈杆状,无芽孢,端部平齐,液体静止。培养物可形成由上百个细胞连成的丝状体,单细胞 $0.8\ \mu m \times (1.8 \sim 2)\ \mu m$,外部有类似鞘的结构。电镜扫描可以发现,丝状体呈特征性竹节状,强烈震荡时可断裂成杆状单细胞。革兰氏染色阴性,不运动。至今未得到该菌的菌落生长物,报道过的纯培养物都是通过富集和稀释的方法获得的。

图 1.11　索氏甲烷丝菌

索氏甲烷丝菌可以在只有乙酸为有机物的培养基上生长,裂解乙酸生成甲烷和 CO_2,能分解甲酸生成 H_2 和 CO_2,不利用其他底物,如 H_2/CO_2、甲醇、甲胺等底物生长和产生甲烷。生长的温度范围是 $3 \sim 45\ ℃$,最适温度为 $37\ ℃$,最适 pH 值为 $7.4 \sim 7.8$,(G+C)摩尔分数为 51.8%。可自污泥和厌氧消化器中分离。

甲烷丝菌是继甲烷八叠球菌属后发现的仅有的另一个裂解乙酸的产甲烷菌属。沼气中的甲烷 70% 以上来自乙酸的裂解,足以说明这两种细菌在厌氧消化器中的重要性。甲烷丝菌大量存在于厌氧消化器的污泥中,是构成附着膜和颗粒污泥的首要产甲烷菌类。甲烷丝菌适宜生长的乙酸浓度要求较低,其 K_m 值为 0.7 mmol/L,当消化器稳定运行时,消化器中的乙酸浓度一般很低,因而更适宜甲烷丝菌的生长,经长期运行,甲烷丝菌就会成为消化器内乙酸裂解的优势产甲烷菌。

第2章 产甲烷菌的生态多样性

产甲烷菌属于原核生物中的古菌域,具有其他细菌(如好氧菌、厌氧菌和兼性厌氧菌)所不同的代谢特征,产甲烷菌在自然界中分布极为广泛,在与氧气隔绝的环境几乎都有甲烷细菌生长,如海底沉积物、河湖淤泥、水稻田以及动物的消化道等,在不同的生态环境下,产甲烷菌的群落组成有较大的差异性,并且其代谢方式也随着不同的微环境而体现出多样性。

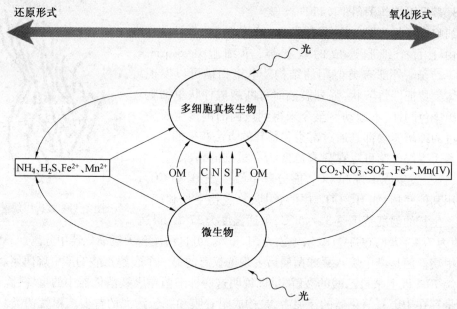

图 2.1 宏观生物地球化学作用:微生物、高等生物和无生命的化学世界中无机循环的总体概略图

2.1 产甲烷菌的生物地球化学作用

在地球表层生物圈中,生物有机体经由生命活动,从其生存环境的介质中吸取元素及其化合物(常称矿物质),通过生物化学作用转化为生命物质,同时排泄部分物质返回环境,并在其死亡之后又被分解成为元素或化合物(亦称矿物质)返回环境介质中。这一个循环往复的过程,称为生物地球化学循环。生物地球化学循环还包括从一种生物体(初级生产者)到另一种生物体(消耗者)的转移或食物链的传递及效应。在生物地球化学循环中比较重要的循环包括碳循环、氮循环、硫循环和铁循环。表 2.1 列举了在碳循环、氮循环、硫循环、铁循环中碳、氮、硫、铁的主要形式和价位。

表 2.1　碳、氮、硫、铁在生物地球化学循环中的主要形式和价位

循环	是否存在重要的气体组分	主要形式和价位		
		还原形式	中间氧化态形式	氧化形式
C	是	CH_4 （−4）	CO （+2）	CO_2 （+4）
N	是	NH_4^+，有机 N （−3）	N_2、N_2O、NO_2^- （0）（+1）（+3）	NO_3^- （+5）
S	是	H_2S，有机物中的 SH 基 （−2）	S^0、$S_2O_3^{2-}$、SO_3^{2-} （0）（+2）（+4）	SO_4^{2-} （+6）
Fe	否	Fe^{2+} （+2）		Fe^{3+} （+3）

注：碳、氮和硫循环有重要的气体组分，这些在气体营养循环中作详细评论。铁循环中没有气体组分，
这在沉积营养循环中作具体描述。主要的还原、中间氧化态和氧化形式及其价位均被注明

碳素是构成各种生物体最基本的元素，能以还原形式存在，例如甲烷和有机物；也能以氧化形式存在，例如一氧化碳和二氧化碳。图 2.2 表示的是一个完整的碳循环过程。还原剂（主要是氢气）和氧化剂（主要指氧气）能影响碳元素的生物和化学过程。

碳循环包括 CO_2 的固定和 CO_2 的再生。植物和藻类以及光合微生物，通过光合作用固定自然界中的 CO_2，合成有机碳化合物，进而转化成各种有机碳化合物。动物以植物为食物，经过生物氧化释放出 CO_2，动物、植物的尸体经微生物完全降解（即矿化作用）后，最终主要产物之一也是 CO_2。地下埋藏的煤炭、石油等，经过人类的开发、利用，例如作为燃料，燃烧后也产生 CO_2，重新加入碳循环。通过这些生物和非生物过程产生的 CO_2，随后又被植物和光合微生物利用，开始新的碳素循环。

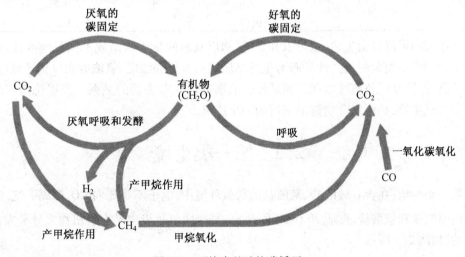

图 2.2　环境中基础的碳循环

通过光能自养型和化能自养型微生物的活动能够将碳固定。能够由无机物（CO_2+H_2）或有机物产生 CH_4，通过 CO 氧化菌的作用，由汽车和工业产生的 CO 又重新回到碳循环。大气中甲烷的含量大约以 1% 的速度逐年递增，在过去 300 年中，从 0.7×10^{-6} 一直上升到 $(1.6 \sim 1.7) \times 10^{-6}$。这些甲烷的来源多种多样，可以分为生物来源和非生物来源。甲烷可以

由动物和植物释放进入大气,但归根结底,生成甲烷的生物是产甲烷细菌。甲烷的非生物来源则是油气田、煤矿和火山。一般也许会认为大气中的甲烷主要来自于气田、煤田泄漏和火山爆发等物理过程。但实际上,这些环境中产生的甲烷只占很小的比例,大气层中的甲烷绝大部分是由生物生成的。一些学者对各种来源的甲烷数量作了估计,Tyler 对其作了总结,列于表 2.2。

表 2.2 自然界中甲烷的来源

	甲烷来源	甲烷生成量/($\times 10^6$ t·a^{-1})
甲烷总量		355~870
人类活动形成甲烷总量		201~441
生物来源	总量	302~715
	饲养动物	80~100
	白蚁	25~150
	水稻田	70~120
	湿地、沼泽	120~200
	垃圾填埋场	5~70
	海洋	1~20
	苔原	1~5
非生物来源	总量	20~48
	煤矿逸出	10~35
	油气田逸失	10~30
	输气管和工业逸失	15~45
	生物量燃烧生成	10~40
	水合甲烷	2~4
	火山	0.5
	机动车	0.5

产甲烷菌可以自由生活,也可以和动、植物以及别的微生物结成不同程度的共生关系。自由生活的产甲烷菌的选择性分布与生境基质碳的类型和浓度、氧浓度和氧化还原电位、温度、pH 值、盐浓度以及硫酸盐细菌和其他厌氧菌的活性有密切的关系。产甲烷菌广泛分布于各门厌氧生境,是厌氧食物链最末端的一个成员。

2.2 第一类生境

第一类生境:在含有硝酸盐、硫酸盐的厌氧环境中,电子不是流向 CO_2 形成甲烷,而是首先流向硝酸盐和硫酸盐,形成 N_2、NH_4^+ 和 H_2S。整个厌氧生境中是以有机物大分子为食物链起点的,如图 2.3 所示。

2.2.1 海底沉积物

第一类生境如海洋沉积物、盐渍土、某些湖泊沉积物、河流入海口淤泥等处。以海洋沉积物为例:由于存在缺氧、高盐等极端条件,所以在海底环境中有大量产甲烷菌的富集。在已知的产甲烷菌中,大约有 1/3 的类群来源于海洋这个特殊的生态区域。一般在海洋沉积

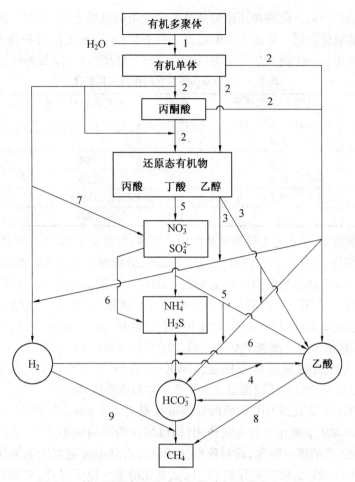

图 2.3　第一种厌氧生境中有机物降解的碳硫和电子流

1—碳水化合物、蛋白质、脂肪酸等水解为有机单体如糖、有机酸和氨基酸等；2—有机单体降解为 CO_2、乙酸、丙酸、丁酸、乙醇、乳酸等；3—还原性有机物被产氢产乙酸菌还原为 H_2、CO_2、乙酸；4—同型产乙酸菌将 H_2、HCO_3^- 合成乙酸；5—还原性有机产物被硝酸盐还原菌（NRB）或硫酸盐还原菌（SRB）氧化为 CO_2 和乙酸；6—乙酸被硝酸盐还原菌（NRB）或硫酸盐还原菌（SRB）氧化为 CO_2；7—H_2 被硝酸盐还原菌（NRB）或硫酸盐还原菌（SRB）氧化；8—乙酸裂解式的甲烷发酵；9—CO_2 的产甲烷呼吸

物中，利用 H_2/CO_2 的产甲烷菌的主要类群是甲烷球菌目和甲烷微菌目，它们利用氢气或甲酸进行产能代谢。在海底沉积物的不同深度里都能发现这两类氢营养产甲烷菌，此类产甲烷菌能从产氢微生物那里获得必需的能量。

　　硫酸盐在海洋中几乎无处不在，据测定，海水中硫酸盐浓度最大可达 27 mmol/L。从化学反应能看，硫酸盐还原细菌在与产甲烷菌竞争底物——乙酸和氢上占有优势，其还原产物 H_2S 又可抑制产甲烷菌生长。因此，在海洋厌氧生境中硫酸盐还原细菌起了主导作用，特别是在沉积物和水的交界面处硫酸盐还原细菌数量最多，在此交界面上下一定深度形成了一条硫酸盐还原带，此区域内甲烷基本不能生成。

　　据研究 CH_4 每年的产生量大约为 320 Tg，年净 CH_4 排放仅为 16 Tg，仅为产生量的 5%，造成这一现象的原因除了硫酸盐还原细菌与产甲烷菌的基质竞争作用外,绝大部分所产生的 CH_4 都被厌氧氧化消耗。从表 2.3 中数据可以看出,不同深度区沉积物 CH_4 厌氧氧化占总的 CH_4 厌氧氧化量的比例大小关系为:陆地下缘>大陆架内>大陆架外>陆地上缘。

表 2.3 陆地不同深度区的甲烷厌氧氧化

不同深度区	CH_4厌氧氧化速率 /$[mmol \cdot (m^2 \cdot d)^{-1}]$	面积 /$10^{12} m^2$	CH_4厌氧氧化量 /$(Tg \cdot a^{-1})$	占总量比例 /%
大陆架内	1.0	13	73.6	24.21
大陆架外	0.6	18	64	21.05
陆地上缘	0.6	15	56	18.42
陆地下缘	0.2	106	110.4	36.32
总和	—	152	304	100

在海洋沉积物中,影响 CH_4 厌氧氧化的因子很多,包括微生物、表层水合物氧的存在、有机质含量、CH_4 供应率、硫酸盐可获得性、温度、水压、沉积物孔隙度和矿物组成等。

参与甲烷厌氧氧化过程的微生物主要是 ANME-1 古菌、ANME-2 古菌、ANME-3 古菌和硫酸盐还原菌。ANME-2 古菌与细菌紧密结合形成微生物菌组,其结构由两个圈层组成,内部圈层直径$(2.3 \pm 1.3) \mu m$,有大约 100 个球状的 CH_4 古菌细胞,每个细胞直径约为 $0.5 \mu m$,这些细胞部分或全部被 200 个硫酸盐还原菌细胞(直径 $0.3 \sim 0.5 \mu m$)所包围,形成外部圈层。这种结构只适合于描述 ANME-2 古菌占优势的 CH_4 厌氧氧化菌组,而 ANME-1古菌只是与硫酸盐还原菌以及其他微生物形成松散的菌组。

厌氧氧化速率最适宜的 CH_4 和硫酸盐浓度分别为 1.4 mmol/L 和 28 mmol/L。一般来说,CH_4 浓度较高对厌氧氧化具有促进作用,而硫酸盐的影响则不显著,有两点原因:第一,CH_4 并非硫酸盐还原的唯一碳源,其对硫酸盐还原的贡献率决定着厌氧氧化速率和硫酸盐还原速率的相关性;第二,硫酸盐并非 CH_4 厌氧氧化的唯一电子受体,可能还存在着其他电子受体(硝酸盐、Fe 和 Mn)。

CH_4 厌氧氧化过程存在着一个最适的温度,低于这个温度,CH_4 厌氧氧化随着温度的升高而增大,高于这个温度则随着温度的升高而减小。最适温度与原位温度之间存在着显著的线性正相关,如图 2.4 所示,这可能是参与 CH_4 厌氧氧化过程的微生物对环境温度适应的结果。

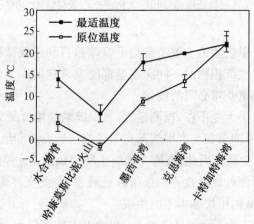

图 2.4 不同沉积物甲烷厌氧氧化的最适温度

2.3　第二类生境

第二类生境包括:淡水淤泥、水稻田土壤、各种不含硫酸盐有机废水的厌氧消化器等,在这些环境中厌氧生物链如图 2.5 所示,包括了完整的水解阶段、产氢产乙酸阶段、产甲烷阶段和同型产乙酸阶段。

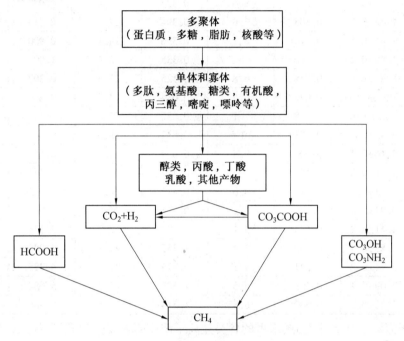

图 2.5　第二种厌氧生境中有机物降解的碳流和电子流

2.3.1　淡水沉积物

水体环境中基质以单向方式从上进入沉积层,搅拌作用很弱甚至可能没有。时间一长,可能出现基质的浓缩和分层现象,随之菌群也可能出现分层。表 2.4 给出了沉积物的有机质及其组分,一般而言,沉积物表层含有较为丰富的复杂有机物,包括植物残体、藻类细胞、腐屑甚至动物残体等,表层的微生物菌群生理上具有较大的多样性,并有更为强烈的代谢活动。以长江中下游沉积物为例,沉积物中总磷质量浓度为 307.43 ~ 1 454.39 mg/kg,阳离子交换量为 0.086 1 ~ 0.252 8 mmol/g,有机质总量为 0.25% ~ 7.38%,有机质组分以胡敏素为主;沉积物的颗粒组成以粉砂粒级和黏粒级为主,占 64% ~ 98%,粉砂粒级占 50% ~ 70%;黏土矿物以伊利石/蒙脱石混层为主,其次是伊利石、绿泥石和高岭石;沉积物中主要的氧化物为 SiO_2、Al_2O_3 和 Fe_2O_3,变化较大的成分为 SiO_2、Al_2O_3 和 Fe_2O_3。沉积物下层营养受到限制,对菌群的选择性提高。在硝酸盐丰富的沉积物中,由于氧化还原电位高,很少存在产甲烷菌。在含有硫酸盐的厌氧生境中,甲烷发酵受阻。而在温度低于 15 ℃时,沉积物中的甲烷生成也会停止。

表2.4 沉积物的有机质及其组分分析

编号	$\omega(OM)$	$\omega(HA)$	HA 的比例	$\omega(FA)$	FA 的比例	$\omega(HA)/\omega(FA)$	胡敏素的比例
D1	1.99±0.2	0.134	6.7	0.467	23.5	1.369	68.8
D2	1.35±0.1	0.111	8.2	0.330	24.2	0.910	67.4
D3	1.88±0.1	0.122	6.5	0.505	26.9	1.189	63.2
P1	1.40±0.1	0.123	8.6	0.327	23.4	0.953	68.1
P2	1.42±0.2	0.108	7.6	0.394	27.7	0.918	64.6
P3	1.41±0.1	0.114	8.1	0.396	28.1	0.900	63.8
P4	1.45±0.2	0.116	8	0.335	23.1	1.001	69.0
C-H14	0.56±0.02	0.038	6.8	0.125	22.3	0.397	70.9
C-S4	0.34±0.01	0.022	6.5	0.084	24.7	0.234	68.8
C-S18	0.25±0.01	0.018	7.1	0.057	22.6	0.176	70.3
T-M	3.45±0.3	0.358	10.5	0.632	18.6	0.564	70.9
T-W	3.16±0.4	0.300	9.5	0.604	19.1	0.501	71.4
T-X	1.81±0.2	0.155	8.5	0.422	23.4	0.371	68.1
T-G	1.73±0.3	0.149	8.6	0.431	24.9	0.342	66.5
X1	4.04±0.3	0.128	3.2	0.975	24.1	2.937	72.7
X2	4.41±0.3	0.135	3.1	1.000	22.7	3.276	74.3
X3	5.63±0.4	0.192	3.4	1.355	24.1	4.083	72.5
X4	5.74±0.2	0.241	4.1	1.274	22.2	4.225	73.6
Y1	7.09±0.4	0.458	6.5	1.548	21.8	5.084	71.7
Y2	7.38±0.3	0.500	6.8	1.514	20.5	5.366	72.7

相对于海洋的高渗环境,淡水里的各类盐离子浓度明显要低很多,其硫酸盐的浓度只有 $100\sim200$ μmol/L。因此在淡水沉积物中,硫酸盐还原菌将不会和产甲烷菌竞争代谢底物,这样产甲烷菌就能大量生长繁殖,由于在淡水环境中乙酸盐的含量是相对较高的,因而其中的乙酸盐营养产甲烷菌占了产甲烷菌菌种的70%,而氢营养产甲烷菌只占不到30%。一般在淡水沉积物中,产甲烷菌的主要类群是乙酸营养的甲烷丝状菌科,同时还有一些氢营养的甲烷微菌科和甲烷杆菌科的存在。

很多观测实验都表明,尽管存在水域和地质条件的差异,淡水沉积物中产甲烷菌的垂直分布仍具有明显的规律性。即从水层-沉积物的接触面开始,随着深度的增加,甲烷浓度也随之增加,在 $2\sim27$ cm 深度达到最大值,深度继续增加则甲烷浓度开始下降。因为在 $2\sim27$ cm 这段内,环境中的营养条件、氧化还原电位及其他限制性条件均适合产甲烷菌和生理伴生菌群生长需求。

2.3.2 稻田土壤

耕作土壤中存在大量微环境,甚至表面上通气良好的土壤也存在厌氧微环境。水稻田通常吸收有大量的有机物质,一旦被水淹没很快转变成厌氧状态。稻田中的产甲烷菌类群主要有甲酸甲烷杆菌、马氏甲烷八叠球菌、巴氏甲烷八叠球菌。研究发现稻田里产甲烷菌的生长和代谢具有一定的特殊规律性。第一,产甲烷菌的群落组成能保持相对恒定,当然也有一些例外,如氢营养产甲烷菌在发生洪水后就会占主要优势。第二,稻田里的产甲烷菌的群落结构和散土里的产甲烷菌群落结构是不一样的、不可培养的。水稻丛产甲烷菌群作为主要的稻田产甲烷菌类群,其甲烷产生原料主要是 H_2/CO_2。而在其他的散土中,乙酸营养产甲烷菌是主要的类群,甲烷主要来源于乙酸。造成这种差别可能是由于稻田里氧气的浓度要比散土中高,而在稻田里的氢营养产甲烷菌具有更强的氧气耐受性。第三,氢营养产甲烷菌的种群数量随着温度的升高而增大。第四,生境中相对高的磷酸盐浓度对乙酸营养产甲烷菌有抑制效应。

2.3.2.1　甲烷的排放量模型

土壤中的 CH_4 主要通过 3 种途径排入大气中:①大部分被植株根系等吸收,随着养分的输送再经作物的通气组织排放到大气中;②形成含 CH_4 的气泡,气泡上升到水面破裂而喷射到大气中;③少量 CH_4 是由于浓度梯度的形成而沿土壤–水和水–气界面而扩散排出。在水稻生长的大多数阶段,一般认为大约90% 的 CH_4 排放量是通过水稻植物体排到大气中去的,由气泡和分子扩散完成的输送不到排放量的10%。甲烷的排放量可以采用 Huang's 模型计算。

Huang's 模型的基本假设为:稻田土壤的甲烷基质主要源于水稻植株的根系分泌物及加入到土壤中的有机物(包括前作残茬、有机肥、作物秸秆等)的分解。甲烷的产生率取决于产甲烷基质的供应以及环境因子的影响,甲烷氧化比例受水稻的生长发育所控制。

产甲烷基质主要来源之一的外源有机物分解,描述方程为

$$C_{OM} = 0.65 \times SI \times TI \times (k_1 \times OM_N + k_2 \times OM_S)$$

式中　C_{OM}——外源有机物每日分解所产生的甲烷基质,$g/(m^3 \cdot d)$;

　　　　OM_N,OM_S——有机物中易分解组分和难分解组分的质量浓度,g/m^3;

　　　　k_1,k_2——对应于这两种组分的潜在分解速率的一阶动力学系数;

　　　　SI,TI——土壤质地和土壤温度对这一过程的影响。

水稻在正常的生理活动过程中,其根系会不断地产生一些代谢的分泌物进入土壤。这些分泌物经土壤微生物分解后作为产甲烷菌的基质:

$$C_R = 1.8 \times 10^{-3} \times VI \times SI \times W^{1.25}$$

式中　C_R——每日水稻植株代谢产生的甲烷基质,$g/(m^3 \cdot d)$;

　　　　VI——水稻的品种系数,表示不同水稻品种间的差异;

　　　　W——水稻植株的地上生物量,g/m^3。

$$W = \frac{W_{max}}{1 + B_o \times \exp(-r \times t)}$$

$$B_o = W_{max}/W_o^{-1}$$

$$W_{max} = 9.46 \times GY^{0.76}$$

式中　GY——稻谷产量,g/m^3;

　　　　W_o 和 W_{max}——水稻移栽期和成熟期地上部分生物量,g/m^3;

　　　　t——移栽后的天数;

　　　　r——水稻地上部分内禀生长率。

土壤环境对甲烷产生的影响主要包括土壤质地(土壤砂粒含量,$SAND$),温度(T_{soil})及氧化还原电位(E_H)。对应于这些土壤环境因素的影响函数来量化它们对甲烷产生的影响,

并分别表示为

$$土壤质地影响函数\ SI = 0.325 + 0.0225 \times SAND$$

$$土壤温度影响函数\ TI = \frac{T_{soil}^{-3}}{Q_{10}^{10}}$$

$$土壤氧化还原电位影响函数\ F_{E_H} = \exp\left(-1.7 \times \frac{150 + E_H}{150}\right)$$

Q_{10} 的取值范围为 $2 \sim 4$；E_H 为土壤的氧化还原电位，是初次灌溉后天数的函数。

土壤中甲烷的产生源于土壤还原条件下各种产甲烷菌的活动，在这一过程中，土壤的氧化还原电位具有关键性的影响。稻田土壤中甲烷的产生率（P，$g/(m^3 \cdot d)$）表示为

$$P = 0.27 \times F_{E_H} \times (C_{OM} + TI \times C_R)$$

式中　0.27——常数，甲烷（CH_4）相对分子质量与产甲烷基质（$C_6H_{12}O_6$）相对分子质量的比值。

土壤中甲烷通过水稻植株的通气组织向大气排放。随着水稻的生长，甲烷向大气的排放量占土壤甲烷产生量的比例越来越小。用以下公式来描述该比例的变化：

$$F_P = 0.55 \times \left(1 - \frac{W}{W_{max}}\right)^{0.25}$$

由以上两个公式可以得出稻田甲烷通过植株通气组织的排放率（E_P，$g/(m^2 \cdot d)$）为

$$E_P = F_P \times P$$

土壤水中的甲烷达到最大饱和溶解度之后，新产生的甲烷就会聚集形成气泡。这些气泡聚集到一定体积，在浮力作用下快速向上运动并最终通过水气界面进入大气。这个过程中气泡中的甲烷极少被氧化。这一途径主要表现在水稻生长的初期，植株通气组织不够发达的时候，随着水稻通气组织的逐步发育，甲烷的排放逐渐过渡到通过植株通气组织的途径进入大气。考虑到这些过程，稻田甲烷的总排放量表述为

$$E = E_P + E_{bl} = \min\left(F_P, 1 - \frac{E_{bl}}{P}\right) \times P + E_{bl}$$

式中　P——土壤中甲烷的生产速率，$g/(m^3 \cdot d)$；

　　　E_{bl}——甲烷通过气泡形式向大气的排放量，$g/(m^3 \cdot d)$。

$$E_{bl} = 0.7 \times (P - P_0) \times \frac{\ln(T_{soil})}{W_{root}}$$

式中　P_0——土壤中甲烷达到饱和后产生气泡的临界甲烷生产率，$g/(m^3 \cdot d)$，当土壤中水溶性甲烷达到饱和并且 $P > P_0$ 时，便会有甲烷气泡产生，P_0 的取值为 0.002；

　　　T_{soil}——土壤温度，℃；

　　　W_{root}——水稻的根生物量，g/m^3。

$$W_{root} = 0.136 \times (W_{root} + W)^{0.936}$$

式中　W——水稻的地上生物量，g/m^3。

利用以上公式，对给定的 W 值，通过一个离散化的递归算法（$W_{root}^{(0)} = 0$，为起点，$W_{root}^{(i)} - W_{root}^{(i-1)} < 0.1$ 作为递归的结束条件），可以计算出对应的水稻根生物量。

2.3.2.2　稻田甲烷排放的规律

1. 甲烷排放的耕作层深度规律

在稻田中，CH_4 产生主要发生在稻田土壤耕作层 $2 \sim 20$ cm，但不同的农田作业对此有很

大的影响。意大利稻田中 7 ~ 17 cm 土壤层是重要的 CH_4 产生区域,13 cm 处的 CH_4 产生率最大;而我国湖南地区由于独特的有机肥铺施操作,土壤中 CH_4 的产生在耕作层以下 3 ~ 7 cm 就达到最大值。

2. 甲烷排放的日变化规律

日变化规律随环境条件而异,目前观察到的主要有 4 种日变化类型:

第一种类型是午后 13:00 出现最大值,这种变化在我国多数地区和国外都有发现,并且和水温、土壤浅层及空气温度的日变化一致。

第二种类型是夜间至凌晨出现排放最大值,这是比较少见的一种,可能的原因是植物在炎热夏季的中午为防止植物体内的水分散失而关闭气孔,堵塞了 CH_4 向大气传输的主要途径,未能排出的 CH_4 在晚上随着气孔的开启排向大气,从而出现了 CH_4 排放率在夜间的极大值。

第三种类型是一日内下午和晚上出现两次最大值,这种情况在杭州地区的晚稻和第二种形式一起常被发现,可能是以上两种排放途径的作用结合在一起造成的。

第四种类型是在特殊天气条件下发生的,如在连续阴雨天气,CH_4 通量的日变化不像晴天那样明显地存在余弦波式的规律,而是有逐日降低趋势,土壤温度的变化也只有微小的波动。这可能与阴雨天水稻光合作用减弱、水稻根系分泌物减少及阴雨天土温较低造成的较低的土壤 CH_4 产生率有关。

3. 甲烷排放的季节变化规律

稻田甲烷排放的季节变化与水稻种植系统类型(例如早稻和晚稻)、稻田的预处理方式(例如施绿肥、前茬种小麦、垄作、泡田等)、土壤特性、天气状况、水管理、水稻品种、施肥情况等因素密切相关。水稻生长期甲烷排放具有 3 个典型排放峰,分别出现在水稻生长的返青、分蘖和成熟期,有研究者得到早、晚稻各生育期的产甲烷菌数量的变化规律,见表 2.5。

表 2.5　早、晚稻各生育期的产甲烷菌的数量　　　　　　　个/g 干土

水稻	取样点	肥力	返青期	分蘖期	孕穗期
早稻	华家池	较高	3.6×10^3	1.7×10^7	5.1×10^4
	杨公村	低	1.2×10^2	5.9×10^{33}	2.7×10^2
晚稻	华家池	较高	2.4×10^2	7.2×10^6	9.4×10^5
	杨公村	低	1.4×10^2	2.0×10^4	1.4×10^4

水稻	取样点	开花期	乳熟期	成熟期	平均值
早稻	华家池	3.9×10^5	1.2×10^4	—	4.6×10^6
	杨公村	7.7×10^3	7.8×10^2	—	3.0×10^2
晚稻	华家池	7.4×10^5	4.6×10^3	5.8×10^3	1.5×10^4
	杨公村	8.7×10^2	2.4×10^3	6.6×10^3	7.3×10^3

2.3.2.3　稻田甲烷的减排

近几年对大气甲烷[14]C 的观察表明,由生物学过程产生的甲烷约占整个地球大气中甲烷的 80%,而其中 1/3 以上是由水稻田所释放的。稻田甲烷排放研究的最终目标之一是制定有效的减排措施。由于世界人口不可避免地在增长,我们在减少全球稻田甲烷排放的同时,必须保证水稻产量不受影响。因此比较合理的思路是通过高效的农业管理措施或高产水稻品种来实现。

目前研究较多的农业管理措施主要是施肥管理和水分管理。

稻田甲烷排放的施肥效应从总体上讲,有机肥是增加甲烷排放的重要原因,而对无机肥的报道则有一些矛盾之处,有的发现增加甲烷排放,有的发现减少甲烷排放,有的则发现几乎没有影响。许多研究表明,施肥效应主要取决于所施肥料的质量、数量及施肥方法。因此,通过适宜的施肥措施,可以在不降低水稻产量的基础上减少稻田甲烷的形成速率。

水分管理对稻田甲烷排放也具有重要影响,合理的灌溉技术(如晒田、间歇灌溉)通过改变土壤的 E_H 状况,不仅可以达到减少甲烷的产生,而且能够促进土壤中甲烷的氧化作用,从而达到减少甲烷排放的目的。

在水稻生长期的某些阶段应晒田通气,晒田时甲烷排放量下降,而且重新灌水后需要相当长的时间才能使甲烷的排放率回升。

研究表明,因品种差异而导致甲烷排放的差异最大可达 1 倍多,因此在培育水稻新品种时应将甲烷释放性能列入考虑范围。

2.4　第三类生境

反刍动物的瘤胃、人畜肠道和盲肠等是典型的第三类生境,在这种环境中,有机物的发酵过程只经历水解发酵和产甲烷两个阶段。因为瘤胃中发酵生成的各种脂肪酸迅速被肠道内壁吸收。因此,缺乏产氢产乙酸阶段,如图 2.6 所示。

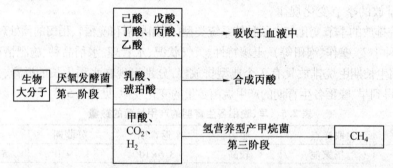

图 2.6　第三类厌氧生境中有机物降解的碳流和电子流

2.4.1　反刍动物瘤胃

反刍动物瘤胃是自然界中十分重要的厌氧生境之一,可以把瘤胃看作一个半连续恒温发酵装置。反刍动物瘤胃能够为产甲烷菌提供诸如低电位、无氧等环境条件;反刍动物瘤胃还能产生乙酸、丙酸、丁酸等有机酸,为产甲烷菌提供了足够的碳源和能源;同时随同食物进入瘤胃的唾液含有丰富的矿物质和氨基酸。据研究,每升唾液中含有 N 为 159 mg、Na 为 3 005 mg、K 为 520 mg、Ca 为 26 mg、P 为 312 mg、CO_2 为 2 330 mg、氨基酸为 84 mg。

由于瘤胃为厌氧微生物提供了良好的环境,瘤胃中微生物的含量极为丰富。其中主要为细菌和厌氧原生动物,主要的特征见表 2.6。瘤胃细菌主要的分类是纤维分解菌、淀粉水解菌、产甲烷菌,数量可以达到 $10^9 \sim 10^{10}$ 个/mL;原生动物的数量可以达到 $10^5 \sim 10^6$ 个/mL,主要以厌氧性纤毛虫和鞭毛虫为主。

表 2.6　瘤胃中的细菌和原生动物

	细菌	原生动物
细胞/g	$10 \sim 5 \times 10^{10}$	$10^5 \sim 10^6$
微生物氮/%	$60 \sim 90$	$10 \sim 40$
总发酵力/%	$40 \sim 70$	$30 \sim 60$
干重/mg	$9 \sim 20$	$5 \sim 6$
细胞/动物(牛)/g	1 463	455
细胞蛋白质/动物(牛)/g	797	248

饲喂高精料日粮的羊和牛的瘤胃液中分别含有产甲烷菌 $10^7 \sim 10^8$ 个/g 和 $10^8 \sim 10^9$ 个/g,放牧的羊和奶牛的瘤胃液中含有产甲烷菌 $10^9 \sim 10^{10}$ 个/g。一般认为,瘤胃中主要的产甲烷菌为瘤胃甲烷短杆菌和巴氏甲烷八叠球菌。动物瘤胃中产甲烷菌的分类及形态见表 2.7。

表 2.7　反刍动物瘤胃中产甲烷菌的形态及能源

种类	形态	能源
反刍甲烷短杆菌	短杆状	H_2/甲酸
甲烷短杆菌	短杆状	H_2/甲酸
巴氏甲烷八叠球菌	不规则团状	H_2/甲醇、甲胺/乙酸
万氏甲烷八叠球菌	球菌	甲醇、甲胺/乙酸
甲酸甲烷杆菌	长杆丝状	H_2/甲酸
运动甲烷微菌	短杆状	H_2/甲酸

动物瘤胃内生成的甲烷通过嗳气排入大气,全球反刍动物年产甲烷约 7.7×10^7 t,占散发到大气中的甲烷总量的 15%,而且每年还以 1% 的速度递增。减少家畜体内甲烷的生成不仅可以提高动物的生产性能,而且对控制温室效应有一定作用。

甲烷的产生量主要受日粮类型、碳水化合物类型、采食量、环境温度的影响。反刍动物自由采食富含淀粉的饲料或瘤胃灌注可溶性的碳水化合物时,瘤胃丙酸产量增加,甲烷产量降低。当给动物饲喂粗饲料时,纤维素分解菌大量增殖,瘤胃主要进行乙酸发酵,产生大量的氢,瘤胃氢分压升高。这时就会刺激甲烷菌大量增殖,甲烷产量增加。

采食量也会影响瘤胃甲烷的产量。当采食量水平提高到 2 倍的维持水平时,总的甲烷产量增加,但损失的甲烷能占饲料能的比例却降低 12% ~30%。另外,饲料的成熟程度、保存方法、化学处理和物理加工等都会影响瘤胃甲烷的产量。

尽管对瘤胃中甲烷菌优势种意见不同,但各国学者对瘤胃甲烷菌的研究主要集中于瘤胃内环境的调控。

(1)通过在日粮中添加化学药品如水合氯醛和溴氯甲烷抑制甲烷菌的活动,减少甲烷的产生。

(2)增加瘤胃中的乙酸生成菌,消耗氢气,减少甲烷菌的电子结合途径。

(3)去原虫。甲烷菌附着于瘤胃纤毛原虫表面或者与纤毛虫形成内共生体,与原虫共生的甲烷菌生成的甲烷量占甲烷生成总量的 9% ~25%。

因此,去原虫可以降低甲烷生成量。随着对甲烷菌研究的深入,抑制瘤胃中甲烷菌的技术将更加全面,对于提高动物生产性能和控制温室效应将具有积极的意义。

2.4.2　人畜肠道和盲肠

2.4.2.1　人体肠道

人体内存在大量共生微生物,它们大部分寄居在人的肠道中(人体肠道内的微生物种属及数量如图2.7所示),数量超过1 000万亿(10^{14}数量级),是人体细胞总数的10倍以上,其总质量超过1.5 kg,若将单个微生物排列起来可绕地球两圈。

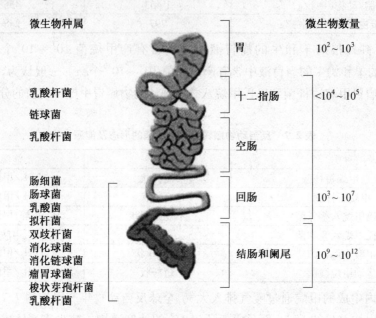

微生物种属		微生物数量
	胃	$10^2 \sim 10^3$
乳酸杆菌 链球菌 乳酸杆菌	十二指肠	$<10^4 \sim 10^5$
	空肠	
肠细菌 肠球菌 乳酸菌 拟杆菌	回肠	$10^3 \sim 10^7$
双歧杆菌 消化球菌 消化链球菌 瘤胃球菌 梭状芽孢杆菌 乳酸杆菌	结肠和阑尾	$10^9 \sim 10^{12}$

图2.7　人体肠道内的微生物

目前估计肠道内厌氧菌有100～1 000种,严格厌氧的有拟杆菌属、双歧杆菌属、真杆菌属、梭菌属、消化球菌属、消化链球菌属、瘤胃球菌属,它们是消化道内的主要菌群;兼性厌氧的如埃希氏菌属、肠杆菌属、肠球菌属、克雷伯菌属、乳酸杆菌属、变性杆菌属,是次要菌群。

人的大肠吸纳未被消化的植物纤维和肠壁脱落的黏膜和细胞,发酵产物主要是脂肪酸。大约10%～30%的人产生数量不等的甲烷,人粪中产甲烷短杆菌的数量为10～10^{10}个/g干重,其数量多少和被检者的产甲烷速率一致。使用^{13}C核磁共振,在人和鼠粪中均可检测出加入$^{13}CO_2$还原成^{13}C-乙酸,同时也观察到产乙酸量多的个体则产甲烷量低。还不清楚为什么有些人会产生较多甲烷。有趣的是,人类从膳食中获取的能量,约有5%～10%是通过大肠吸收脂肪酸而实现的。另外,从人粪中还分离到一株球形的特殊的产甲烷菌,需要H_2和甲醇双重基质才能生长,虽然在总体的甲烷生成中它并不重要。

2.4.2.2　白蚁肠道

从解剖学和社会组织性特征可以把白蚁分为两大类群,即低等白蚁和高等白蚁,低等白蚁包括澳白蚁科、木白蚁科、草白蚁科、鼻白蚁科和齿白蚁科5个科;高等白蚁仅有白蚁科1个科。

白蚁的明显特征就是其食木性,食物范围极广,包括木材(完好的或已腐解的)、植物叶片、腐殖质、杂物碎屑以及食草动物粪便等,而有些白蚁进化程度较高,能够自己培养真菌,作为其营养来源。因此,按白蚁食性,可以把白蚁分为食木白蚁、食真菌白蚁、食土白蚁和食草白蚁。白蚁的食物都富含纤维素、半纤维素和木质素,但含氮量不高,即白蚁属于典型的寡氮营养型生物。

白蚁消化道呈螺旋状,主要由 3 部分组成,即前肠、中肠和后肠,与一般昆虫相比,白蚁后肠相当发达,约占全部肠道总容积的 4/5。由于大多数白蚁个体较小,肠道内的微环境条件难以准确描述。但可以肯定,从前肠向后肠推移,逐渐变为无氧状态,至充满微生物的后肠部分达到最低的氧化还原电位(−50 ~ −270 mV),此处 pH 值近中性(6.2 ~ 7.6),但食土白蚁的后肠 pH 值高达 11.0。

1938 年 Hungate 就已经提出白蚁利用共生物消化木质的过程,即木质纤维进入白蚁消化系统后,被消化道中的原生动物吸收,在原生动物体内被氧化为乙酸、二氧化碳和氢气,乙酸被原生动物分泌到体外后又被白蚁吸收,作为生命活动的能量来源。目前在低等白蚁的肠内已经发现了 434 种属于毛滴虫、锐滴虫和超鞭鞭毛虫的原生动物。但在高等白蚁中很少发现原生动物。

低等木食性白蚁肠道含有丰富的多种多样的共生微生物区系,包括真核生物和原核生物两类,其中原核生物有细菌和古菌,这些微生物在木食性白蚁消化纤维素过程中承担着重要的作用。共生原核生物中细菌一般占优势,产甲烷菌在后肠肠壁和鞭毛虫中有分布,产甲烷菌消耗纤维素降解的中间产物 H_2,并利用 CO_2 合成甲烷($CO_2 + 4H_2 \longrightarrow 2H_2O + CH_4$),促进纤维素的厌氧分解。有些产甲烷菌黏附在白蚁肠壁上皮,有些产甲烷菌与白蚁肠道内的鞭毛虫共生,而游离在肠液中的产甲烷菌几乎没有。

科学家已经从白蚁体内分离得到同型乙酸菌和产甲烷菌。在白蚁肠道中,由同型产乙酸过程产生的乙酸相当多,后肠微生物产生的乙酸可以满足白蚁 77% ~ 100% 的呼吸需要,还有的研究表明,白蚁呼吸需要的乙酸约有 1/3 是通过同型产乙酸菌产生的。Ohkuma 采用 PCR 技术分析白蚁肠道混合微生物区系的 16S RNA,从 4 种白蚁肠道中克隆到 7 种产甲烷的核酸序列,并比较了它们的系统发育,这些产甲烷的核酸序列分为 3 个群,从高等白蚁肠道中克隆到 2 个核酸序列与甲烷八叠球菌目和甲烷微菌目一致,从低等白蚁中克隆的核酸序列与甲烷短杆菌一致,但是大部分产甲烷菌与已知的产甲烷菌不同,它们也不分散于已知的产甲烷菌种中,可能作为一个独立的新种。

2.5　第四类生境

在温泉和海底火山热水口等环境中主要通过地质化学过程产生 H_2 和 CO_2,而无其他有机物质。甲烷的生成只包括同型产乙酸阶段和产甲烷阶段,如图 2.8 所示。

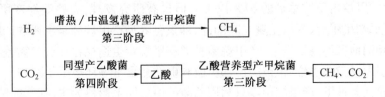

图 2.8　第四类厌氧生境中有机物降解的碳流和电子流

在地热及地矿生态环境中均存在着大量能适应极端高温、高压的产甲烷菌类群,以往的研究发现大部分嗜热产甲烷菌是从温泉中分离到的。

　　Stetter 等从冰岛温泉中分离出来的甲烷栖热菌可在温度高达 97 ℃ 的条件下生成甲烷。Deuser 等对非洲基伍湖底层中甲烷的碳同位素组成进行研究后指出,这里产生的甲烷至少有 80% 是来自于氢营养产甲烷菌的 CO_2 还原作用。多项研究显示出,温泉中地热来源的 H_2 和 CO_2 可作为产甲烷菌进行甲烷生成的底物。

　　除陆地温泉中存在有嗜热产甲烷菌外,在深海底热泉环境近年来也发现多种微喷口环境的产甲烷菌类群,它们不但能耐高温,而且能耐高压。例如,一种超高温甲烷菌是从加利福尼亚湾 Guayama 盆地热液喷口环境的沉积物中分离出来,其生存环境的水深约 2 000 m (相当于 20.265 MPa),水温高达 110 ℃。甲烷嗜热菌也是在海底火山口分离到的,它是以氢为电子供体进行化能自养生活的嗜高温菌,其生长温度可达 110 ℃。

　　在地矿环境中,由于存在有大量的有机质,其微生物资源也很丰富并极具特点,产甲烷菌在地壳层的分布比较广泛,在地壳不同深度、不同微环境中,其种属及形成甲烷气的途径各异。周翥虹等报道,在柴达木盆地第四系 1 701 m 的岩心中仍有产甲烷菌存在,并存在产甲烷的活性。张辉等指出近年来从油藏环境中分离得到的产甲烷菌主要有 3 类,包括氧化 H_2 还原 CO_2 产生甲烷的氢营养产甲烷菌、利用甲基化合物(依赖或不依赖 H_2 作为外源电子供体)产生甲烷的甲基营养型产甲烷菌和利用乙酸产甲烷的乙酸营养型产甲烷菌。

2.6　其他生态环境中的产甲烷菌

2.6.1　天然湿地

　　湿地是全球大气甲烷的最大排放源,其中天然湿地每年向大气排放 100 ~ 231 Tg 的甲烷,湿地占所有天然甲烷排放源的 70% ,占全球甲烷总排放量的 20% ~ 39%。利用卫星监测估算的自然湿地甲烷年排放量为 167 Tg,并且发现非洲刚果河和南美洲亚马逊盆地是全球湿地甲烷的主要排放区域。

2.6.1.1　产甲烷菌种类和甲烷产生途径

　　湿地是介于水生生态系统和陆生生态系统之间的过渡区,地表水多是湿地的重要特点,由于水淹导致土壤处于厌氧环境当中,这就为甲烷的产生创造了先决条件。研究表明,湿地产甲烷菌分属于 Methanomicrobiaceae(甲烷微菌科)、Methanobacteriaceae(甲烷杆菌科)、Methanococcaceae(甲烷球菌科)、Methanosarcinace-ae(甲烷八叠球菌科)和 Methanosaetaceae(甲烷鬃毛菌科)等,同时,发现了一些新的产甲烷菌如 *Zoige cluster I(ZC-I)* 等。

　　淡水湿地产甲烷菌主要以乙酸和 H_2/CO_2 为底物产生甲烷,并且以乙酸发酵型产甲烷菌为主,其产生的甲烷占甲烷总量的 67% 以上。但也有研究发现,有些湿地产甲烷菌主要利用 H_2/CO_2 还原产生甲烷,深层土壤尤其如此,即氢营养型产甲烷菌是主要的产甲烷功能菌。不同地区或相同地区不同植被下,产甲烷菌种类和甲烷产生途径存在着较大差异,这种差异主要是由于温度、底物、水位、植被类型、pH 值和硫酸盐含量等环境因子不同。

　　在温度较低条件下,产甲烷菌以只利用乙酸的甲烷鬃毛菌科为主,细菌的产甲烷能力较弱;在较高温度(大约 30 ℃)条件下,产甲烷菌以乙酸和 H_2/CO_2 都能利用的甲烷八叠球菌为主,温度超过 37 ℃时,*Zoige cluster I* 成为优势产甲烷菌。

　　Avery 等研究发现罗莱纳州 White Oak 河流沉积物中乙酸发酵途径产生的甲烷量占甲

烷产生总量的$(69±12)\%$,并且发现甲烷产生总速率、乙酸发酵产甲烷速率和CO_2还原产甲烷速率均随着培养温度升高呈指数增长,表明CO_2还原和乙酸发酵产甲烷都受控于温度,而不是受控于沉积物组成的季节性变化或者微生物群落大小。

充足的底物供应和适宜的产甲烷菌生长环境是甲烷产生的先决条件,底物丰富度直接决定了产甲烷菌功能的发挥。Amaral 和 Knowles 把沼生植物浸提液加入土壤,促进了甲烷的产生,把乙酸、葡萄糖等外源有机物加入产甲烷能力较低的泥炭土,显著提高了甲烷产生量。因此,易分解有机物质的缺乏可能限制了甲烷产生,即甲烷的产生受控于底物数量和质量。对泥炭沼泽和苔藓泥炭沼泽研究还发现,泥炭沼泽中水溶性有机碳一般为几mmol/L,而苔藓泥炭沼泽可以高出 2 倍,但是甲烷排放量却相反,原因就在于后者的有机酸等主要由木质素分解而来,具有较强的抗分解能力,无法进一步转化为产甲烷底物,可以说泥炭湿地中有机质组成是沼泽产甲烷潜能的主要决定因素。美国密歇根地区一个雨养泥炭地乙酸的累积刺激了以乙酸为底物的甲烷产生,占到全部甲烷产生量的80%以上。土壤溶液中乙酸的匮乏或非产烷微生物对乙酸的竞争利用,可能是此泥炭地甲烷产生量低的原因之一。研究也表明,尽管氢营养型产甲烷菌和乙酸发酵型产甲烷菌均存在于挪威高纬度(78°N)泥炭湿地中,其甲烷排放受到泥炭温度和解冻深度而非产甲烷菌群落结构的影响,这可能是由产甲烷菌可利用性底物的变化引起的。可见,产甲烷底物的种类和数量在一定程度上决定着甲烷的产生,其可以通过控制产甲烷菌功能的发挥或群落结构而影响甲烷的产生。

硫酸盐还原与甲烷产生是有机底物重要的厌氧矿化过程。在淡水环境中,由于硫酸盐含量通常很低,尽管硫酸盐还原也有发生,但是产甲烷菌还原起主要作用,王维奇等对潮汐盐湿地甲烷产生及其对硫酸盐响应进行了详细综述。在硫酸盐含量丰富的盐沼湿地中,硫酸还原菌与产甲烷菌竞争利用乙酸、氢等底物,使得H_2/CO_2的浓度减少70%~80%,乙酸盐减少20%~30%,硫酸盐的存在明显抑制甲烷产生。也有许多研究发现,在高盐环境中,甲烷产生的途径是以非竞争性机制为主,通过以非竞争性底物甲胺、三甲胺、甲醇和甲硫氨酸等作为碳源,产生甲烷,而硫酸盐还原菌不能利用此类化合物。因此,盐沼湿地甲烷产生不仅包括竞争性底物乙酸盐发酵和H_2/CO_2还原途径,还包括非竞争性底物的氧化还原途径,且该途径可能是盐沼湿地甲烷产生的主要途径。

2.6.1.2　湿地甲烷排放通量规律

湿地甲烷通量是由甲烷产生、氧化以及传输 3 个过程决定的,而每一环节条件的变化都会影响到湿地甲烷通量,因此,不同地区湿地甲烷通量不同,就是同一区域的不同湿地,其甲烷通量也不会相同,甚至同一湿地不同位置其甲烷通量也是不同的。湿地甲烷通量不光有空间上的差异,还有时间上的差异,其时间差异又分为季节差异和一天内不同时间的差异。

从全球范围来看,湿地主要集中在高纬度地区和热带地区,也是甲烷通量的最大来源。根据 IPCC 的估计,每年全球天然湿地甲烷通量为 110 Tg,而每年全球稻田的甲烷通量为25~200 Tg,平均值为 100 Tg。不同区域甲烷通量是不一样的,这是由许多因素决定的,气候因素是影响全球甲烷通量的重要因素。

不仅在不同区域内甲烷的通量不一样,在同一区域内,由于环境异质性也会导致甲烷通量的不同;甚至在同一湿地当中,不同植被类型的甲烷通量也是不同的。王德宣等在若尔盖湿地的研究中指出,2001 年 5~9 月的暖季中若尔盖湿地的主要沼泽类型木里苔草沼泽的CH_4排放通量范围是 0.51~3.20 mg/(m^2·h),平均值为 2.87 mg/(m^2·h);乌拉苔草沼泽

CH_4排放通量范围是$0.36 \sim 10.04$ mg/$(m^2 \cdot h)$,平均值为4.51 mg/$(m^2 \cdot h)$。

湿地甲烷通量的时间动态主要分为季节动态和日变化两种,时间动态的形成,也要归根于甲烷产生、氧化及传输3个过程的共同作用,而这3个过程受到随时间变化因素的影响,这些因素包括温度、氧化还原电位、土壤酸碱度以及湿地植物的生长状况等。

一般认为,湿地甲烷通量有明显的日变化。曹云英在其对稻田甲烷排放的综述中指出,稻田甲烷排放通量随着日出后温度逐渐升高而增大,下午达到排放高峰,然后快速下降,在夜间甲烷排放缓慢下降,并逐步趋于平稳,至日出前甲烷排放通量为最低。

黄国宏等对芦苇湿地甲烷进行观测后发现,其排放有明显的季节变化规律。大量的甲烷排放发生在夏季淹水期内,而在淹水前,土壤含水量低,表现为吸收甲烷;秋季排水后,甲烷排放明显减少。王德宣等指出,若尔盖高原沼泽湿地由于其独特的气候条件,夏季无明显的高温期,导致CH_4排放没有明显的高峰出现。因此,不同湿地类型甲烷的季节动态也是不同的。一般认为,湿地甲烷排放的季节变化不仅和土壤、空气和水的温度有关,而且和植物的生活型、生物量以及生长状况有关。

2.6.2　传统发酵酿酒窖池

窖池是中国白酒尤其是浓香型大曲酒生产酿造过程中必不可少的重要固态生物反应器,浓香型曲酒以小麦为原料,环境微生物自然接种,经培育制成大曲作为发酵剂,酿酒原料以高粱为主。发酵的主要多聚体成分是淀粉以及少量蛋白质和脂肪。酿造工艺特点是固态酒醅发酵,装料后即用泥密封,属半开放型封闭式发酵。发酵周期一般为30 d到60 d不等。发酵过程中,由于各种微生物的相继作用,酒窖内迅速变成嫌气环境,温度也逐渐上升,一般最高达$30 \sim 32 ℃$,在此温度维持几天后缓慢下降。

酿酒窖池内有丰富的有机营养物质,温度变化也不激烈,是厌氧中温菌生长的良好的生态环境。发酵结束后,酒醅中乙醇质量分数可达5%以上,伴有大量有机酸和酯类物质生成。据测定,窖泥pH值在$3.8 \sim 4.0$之间,滴窖黄水的pH值则在3左右,窖内基本为酸性环境。发酵过程中除生成乙酸外,也有大量的CO_2和H_2生成,为乙酸营养和氢营养的甲烷菌提供了生长基质。

混蒸续糟、不间断的泥窖发酵使窖泥中的微生物长期处于高酸度、高乙醇和微氧的环境中,赋予了微生物群落结构的复杂性和特殊性,特殊的菌群结构对产品风格和质量的影响已引起众多学者的高度关注。

20世纪50年代后期,我国科学院等数家研究机构对泸州老窖生产工艺的研究初步揭示了浓香型白酒的窖泥微生物学特征是以嫌气细菌,尤其是嫌气芽孢杆菌为优势菌群。进一步的研究揭示了产甲烷菌、甲烷氧化菌等菌群因窖龄不同而差异显著,在分离培养己酸菌、丁酸菌的基础上开发的己酸菌与产甲烷菌二元发酵人工培养技术促进了酿酒微生物学的快速发展。

浓香型白酒产香功能菌的研究,发现参与产香细菌类主要包括厌氧异养菌、甲烷菌、己酸菌、乳酸菌、硫酸盐还原菌、硝酸盐还原菌等,并认为这些微生物在特殊的环境中进行生长繁殖及代谢,各种代谢物在酶的作用下发生酯化反应而产生白酒的香气物质。由此可知,香气及其前体物产生菌主要表现为细菌类群。

何翠容等基于FISH技术的检测结果表明,窖泥中的细菌与古菌数量随窖龄不同而呈现较显著的差异($p<0.05$),如图 2.9 所示,相同窖龄窖泥中的细菌、古菌数量差异性不明显。试验窖中细菌和古菌数最低,分别为 0.82×10^9 cells/g 和 0.78×10^9 cells/g,300 年窖池中细菌数最高,为 11.19×10^9 cells/g,100 年窖池中古菌数最高,为 12.61×10^9 cells/g。

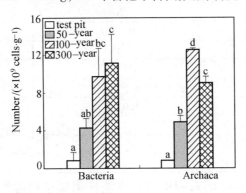

图 2.9　窖池中细菌与古菌随窖龄的变化规律

　　窖池生态系统中微生物种群间相互依存,相互作用,使窖池形成一个有机整体,保证其微生物代谢活动的正常进行。胡承的研究表明,新老两类窖池主要厌氧功能菌分布有明显差异,产甲烷菌和己酸菌数量以老窖为多,新窖中未测出产甲烷菌;同一窖池中,产甲烷菌与己酸菌的数量有同步增长的特征趋势,己酸菌和甲烷菌存在共生关系;丁酸菌在代谢过程中产生的氢,被产甲烷菌及硝酸盐还原菌利用,解除其代谢产物的氢抑制现象;丁酸的累积又有利于己酸菌将丁酸转化为己酸;产甲烷菌、硝酸盐还原菌与产酸、产氢菌相互耦联,实现"种间氢转移"关系,且产甲烷菌代谢的甲烷有刺激产酸的效应,黄水中若含有大量的乳酸,被硫酸盐还原菌利用,就消除了黄水中营养物的不平衡。

　　窖泥中存在多种形状的产甲烷细菌(杆状、球状、不规则状等),酒窖中的厌氧环境和各种基质(如 CO_2、H_2、甲酸、乙酸等)给产甲烷菌的生长与发酵提供了有利条件。

　　20 世纪 80 年代首次从泸州老窖泥中分离出氢营养型的布氏甲烷杆菌 CS 菌株,揭示了酿酒窖池是产甲烷古菌存在的又一生态系统。随后发现该菌和从老窖泥中分离的己酸菌——泸酒梭菌菌株存在"种间氢转移"互营共生关系,混合培养时可较大程度提高己酸产量,以后将 CS 菌株应用于酿酒工业,与己酸菌共同促进新窖老熟,有效提高酒质。因此,窖泥中栖息的产甲烷古菌既是生香功能菌,又是标志老窖生产性能的指示菌。

　　王俪鲆等用厌氧操作技术,从泸州老窖古酿酒窖池窖泥中分离到两株产甲烷杆菌 0372-D1 和 0072-D2。0372-D1 菌体形态为长杆状,略弯,两端整齐,不运动,可由多个菌体形成长链;在固体培养基中难以长出菌落,只利用(H_2+CO_2)产生甲烷。0072-D2 菌体形态为弯曲杆状,淡黄色圆形菌落,利用(H_2+CO_2)或甲酸盐作为唯一碳源生长。两株菌最适生长温度均为 35 ℃、菌株 0372-D1 最适生长 pH 为 6.5~7.0,生长 pH 范围为 5.0~8.0;菌株 0072-D2 最适生长 pH 则为 7.5。在各自最适条件下培养,两株菌的最短增代时间分别为 19 h 和 8 h。通过形态、生理生化特征和 16S rDNA 序列的同源性分析,表明菌株 0372-D1 为产甲烷杆菌属的一个新种,0072-D2 则为甲酸甲烷杆菌(*Methanobacterium formicicum*)的新菌株,相似性为 99%。表 2.8 列出了两种产甲烷菌的比较。

表2.8　泸州老窖古酿酒窖泥中分离到的产甲烷杆菌的特征

特征	0372-D1	0072-D2
菌体大小/μm	0.4~0.5×2~15	0.2~0.3×2~10
菌落大小/μm	ND	1.0~2.0
底物利用	H_2+CO_2	H_2+CO_2、甲酸盐
最适温度/℃	35	35
温度范围/℃	15~50	15~50
最适 pH	6.5~7.0	7.5
pH 范围	5.0~8.0	6.0~9.0
最适 NaCl 浓度/(mol·L^{-1})	0	0.2~0.5
NaCl 浓度范围/(mol·L^{-1})	0~4.5	0~5.0
来源	窖泥	窖泥

通过系统发育分析得出 0372-D1 与产甲烷杆菌属中同源性最高的种 *M. curvum* 和 *M. congolense C* 的相似性为 96%。在生理特征上，菌株 0372-D1 与产甲烷杆菌属其他种最大的区别就在于生长 pH 范围的宽泛性和一定的耐酸能力，生化性质上也存在较大差异，因此 0372-D1 可能为产甲烷杆菌属的一个新种。菌株 0072-D2 与 *M. formicicum* 的同源性最高，为 99%，因此为甲酸甲烷杆菌的一个新菌株。

尽管我们对浓香型白酒糟醅及窖泥中的功能菌已经做了大量的研究，但也存在以下问题：首先，对发酵过程中的微生物分布及鉴定研究较多，但对具体的某种或某类功能菌鉴定及产生变化研究还远远不够；其次，功能菌研究区域有一定的局限性，目前主要集中在四川、江苏等南方产地，而河南、山东、河北等北方产地功能菌的研究是零散的；再次，从研究手段来看，基本上还处于传统微生物研究阶段，借助于分子生物学等先进方法的相对较少；最后，对于产香功能菌的认识仍不系统，其开发应用有待更进一步的研究和探索。要想真正地弄清其中微生物的本质，必须借助于先进的理论和方法，如引入微生物工程、基因工程、代谢工程、发酵工程及环境微生物生态学等理论以及分子生物学的方法，以便更好地促进酒业发展，使白酒生产实现质的提高。

第3章 产甲烷菌的生理特性

产甲烷菌是有机物厌氧降解食物链中的最后一个成员,尽管不同类型产甲烷菌在系统发育上有很大差异,然而作为一个类群,突出的生理学特征是它们处于有机物厌氧降解末端的特性。

3.1 产甲烷菌的微生物特性

古细菌与所有已知的统归为真细菌的其他细菌有显著的差别,古细菌都存在于相当极端的生态环境下,这种极端环境条件相当于人们假定的地球发展最早的时期(太古时期)。产甲烷菌在生物界中属于古细菌界。与所有的好氧菌、厌氧菌和兼性厌氧菌都有许多极其不同的特征。产甲烷菌是一些形态极不相同,而生理功能又惊人地相似的产生甲烷的细菌的总称。近年来的研究表明,所有产甲烷菌都具有以下一些共同的特征:

(1)所有产甲烷菌的代谢产物都是甲烷和二氧化碳。

不管产甲烷菌的形态是球状、杆状、螺旋状,还是八叠球状,它们分解利用物质的最终产物都是甲烷和二氧化碳。产生甲烷是在分离鉴别产甲烷菌时的最重要的研究特征。

(2)所有的产甲烷菌都只能利用少数几种简单的有机物和无机物作为基质。

产甲烷菌能够利用的基质范围很窄。目前为止,已知的产甲烷菌用以生成甲烷的基质只有氢、二氧化碳、甲醇、甲酸、乙酸和甲胺等少数几种有机物和无机物。就每种产甲烷菌而言,除氢和二氧化碳可作为共同的基质以外,一些种只能利用甲酸、乙酸,不能利用甲胺。只有从海洋深处分离出的一些产甲烷菌种才能利用甲胺。因此,就每个种来说,可能利用的基质就更少了。究其原因,是产甲烷菌体缺乏自身合成的许多酶类,因而不能对较广泛的有机物质进行分解利用。

(3)所有产甲烷菌都只能在很低的氧化还原电位环境中生长。

到目前为止,所分离出的产甲烷菌种都是绝对厌氧的;一般认为,参与中温消化的产甲烷菌要求环境中应维持的氧化还原电位应低于-350 mV;参与高温消化的产甲烷菌则应低于$-500 \sim -600$ mV。产甲烷菌在氧体积浓度低至$2 \sim 5$ μL/L的环境中才生长得好,甲烷生产量也大。

3.2 产甲烷菌的细胞结构特征

根据近年来的研究,产甲烷菌、嗜盐细菌和耐热嗜酸细菌一起被划为古细菌部分。古细菌与所有已知的统归为真细菌的其他细菌有显著的差别,古细菌都存在于相当极端的生态环境下,这种极端环境条件相当于人们假定的地球发展最早的时期(太古时期),古细菌有许多共同的特征,但均与真细菌有所不同;即使在此类群细菌内,细胞形态、结构和生理方面也存在显著差异。

1. 细胞壁

产甲烷菌的细胞壁并不含肽聚糖骨架,而仅含蛋白质和多糖,有些产甲烷菌含有"假细胞壁质";而真细菌中革兰氏染色阳性菌的细胞壁内含有 40% ~50% 的肽聚糖,在革兰氏染色阴性细菌中,肽聚糖的质量分数大约占 5% ~10%。

2. 细胞膜

微生物的细胞膜主要由脂类和蛋白质构成,脂类包括中性脂和极性脂。

在产甲烷菌的总脂类中,中性脂占 70% ~80%。细胞膜中的极性脂主要为植烷基甘油醚,即含有 C_{20} 植烷基甘油二醚与 C_{40} 双植烷基甘油四醚,而不是脂肪酸甘油酯。细胞膜中的中性脂以游离 C_{15} 和 C_{30} 聚类异戊二烯碳氢化合物的形式存在(图3.1)。由表3.1可以看出,产甲烷菌的脂类性质很稳定,缺乏可以皂化的脂键,一般条件下不易被水解。

真细菌中的脂类与此不同,甘油上结合的是饱和的脂肪酸,且以脂键连接,可以皂化,易被水解。在真核生物的细胞中,甘油上结合的都为不饱和脂肪酸,也以脂键连接。

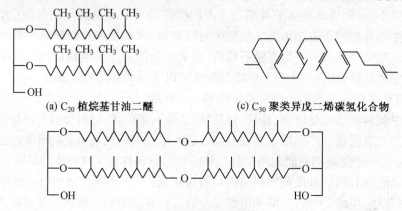

(a) C_{20} 植烷基甘油二醚　　　　　　　(c) C_{30} 聚类异戊二烯碳氢化合物

(b) C_{40} 双植烷基甘油四醚

图 3.1　产甲烷菌细胞膜中的脂类分子结构

表 3.1　古细菌、真细菌和其核生物细胞壁和细胞膜成分比较

成分	古细菌	真细菌	真核生物(动物)
细胞壁	有	有	无
细胞壁特征	不含有典型原核生物的细胞壁	有典型原核	
	缺乏肽聚糖	有肽聚糖	
N-乙酰胞壁酸	无	有	无
脂类	疏水基为植烷醇醚键连接	疏水基为磷脂键连接	疏水基为磷脂键连接
	完全饱和并分支的 C_{20} 化合物	饱和脂肪酸和不饱和脂肪酸各一	均为不饱和脂肪酸

3. 气体泡囊

具有游动性的产甲烷菌有甲烷球菌目(Methanococcales)以及甲烷微菌目中的甲烷螺菌属(*Methanospirillum*)、产甲烷菌属(*Methanogenium*)、甲烷叶菌属(*Methanolobus*)和甲烷微菌属(*Methanomicrobium*)。关于细菌游动性的生理作用,目前唯一令人信服的看法是,它们对

环境刺激的趋向性,或趋向于环境的刺激,或远离(背向)环境的刺激。微生物能够用于调整它们在生境中位置的另一机制是可漂浮的泡囊。气体泡囊只在一些嗜热甲烷八叠球菌(Mah 等人,1977;Zhilina 和 Zavarzin,1987)和三株嗜热甲烷丝菌(Kamagata 和 Mikami,1991;Nozhevnikova 和 Chudina,1985;Zinder 等人,1987)中检出。气泡在这些产甲烷菌中的功能尚不清楚。但研究者们注意到,甲烷丝菌 CALS-1 菌株细胞在其生长的早期阶段气泡较少,而进入稳定期气泡较多(Zinder 等人,1987)。同时还发现,在基质耗尽的甲烷丝菌 CALS-1 菌株培养物的上面漂浮着数条细胞带,可见这很可能是细胞撤离乙酸贫乏生境的一种机制。然而应该指出的是,研究者们在并不有利于漂浮作用的连续混合厌氧生物反应器中也分离到具有气泡的甲烷丝菌 CALS-1 菌株和巴氏甲烷八叠球菌 W 菌株(Mah 等人,1977)。在连续混合的嗜热生物反应器中,一种类似甲烷丝菌的细胞含有气泡(Zinder 等人,1984)。因此研究者们认为,气泡的存在可能是一种退化现象,也可能是除漂浮作用外的其他功能。

4. 储存物质

生物需要内源性能源和营养物质,以便在缺乏外源性能源和营养物质时能够生存,产甲烷细菌也不例外。例如,可运动的氢营养型产甲烷细菌,在培养基中少量 H_2 被耗尽后的较长时间内,仍能从显微镜的湿载玻片上观察到菌体的运动。这些储存物质通常都是一些多聚物,它们是在营养物质过剩时作为能源和营养物储存起采。产甲烷细菌中已检测出储存性的多聚物糖原和聚磷酸盐。

糖原已在以下产甲烷细菌中检测到:甲烷八叠球菌属(Murray 和 Zinder,1987)、甲烷丝菌属(Pellerin 等人,1987)、甲烷叶菌属(König 等人,1985)和甲烷球菌属(König 等人,1985)。限制氮源和碳/能量过量的条件下,是典型刺激其他生物储存糖原的途径,同样也使嗜热甲烷八叠球菌和廷达尔角甲烷叶菌累积糖原(König 等人,1985;Murray 和 Zinder,1987)。关于糖原在能量饥饿条件下降解作用的证据,已在嗜热甲烷八叠球菌和廷达里角甲烷叶菌的研究中获得(König 等人,1985;Murray 和 Zinder,1987),而甲烷八叠球菌在缺能24 h 内仍具有完整的游动性。廷达尔角甲烷叶菌降解 1 g 分子糖原检测出 1 g 分子 CH_4。试验研究证明,含有糖原的嗜热甲烷八叠球菌的饥饿细胞比缺乏糖原的细胞维持着更高的 ATP 水平,因此更容易从乙酸转换到甲醇作为产甲烷基质(Murray 和 Zinder,1987)。这些研究尽管还未完全了解其起因和作用,但是可以认为,糖原是可以作为产甲烷细菌的短期储存能量。令人感到好奇的是,糖原作为内源性碳水化合物可以被产甲烷细菌利用,却从未发现过产甲烷细菌利用外源性碳水化合物。这正如前面所讨论的那样,可能反映出产甲烷细菌缺乏与发酵性细菌竞争外源性碳水化合物的能力。

聚磷酸盐也在甲烷八叠球菌中检测到(Rudnick 等人,1990;Scherer 和 Bochem,1983)。试验研究证明,弗里西亚甲烷八叠球菌(*Methanosarcina frisia*)所含聚磷酸盐的量,取决于生长培养基中磷酸盐的浓度,磷酸盐浓度为 1 mmol/L 培养基中生长的细胞,1 g 细胞蛋白储存 0.26 g 聚磷酸盐(Rudnick 等人,1990)。现在还未研究聚磷酸盐在产甲烷细菌中的生理作用。事实上,尽管有试验证明,聚磷酸盐能够使糖和 AMP 磷酸化,并可作为磷酸盐储存物,然而聚磷酸盐在真细菌中的生理作用尚不清楚(Wood 和 Clark,1988)。

如前所述,甲烷杆菌目(Methanobacteriales)和甲烷嗜热菌属(*Methanopyrus*)的菌体中含有环 2,3-二磷酸甘油酸盐(cDPG)(Kurr 等人,1991)。弗里西亚甲烷八叠球菌也含有低水平的 cDPG(Rudnick 等人,1990)。由于 cDPG 分子中含有高能酯键,由此有理由认为它是作为储存能量的化合物,最初它被称为"甲烷磷酸原(methanophosphogen)"(Kanodia 和 Roberts,1983),尽管现在还没有这方面作用的直接证据。热自养甲烷杆菌只有在培养基中存在着可利用的磷酸盐和 H_2 时,才能储存 cDPG(Seely 和 Fahmey,1984)。试验研究还证明,cDPG 可以作为生物合成的中间产物(Evans 等人,1985)。最近发现,热自养甲烷杆菌的提取物含有高水平的2,3-二磷酸甘油酸盐,它可以通过形成磷酸烯醇丙酮酸盐而转化成 ATP(van Alebeek 等人,1991)。作者推测,2,3-二磷酸甘油酸盐可能由 cDPG 衍生而来,因为这一反应已在嗜热自养甲烷杆菌的提取物中检测到(Sastry 等人,1992)。因此,cDPG 可能有多种多样的作用(磷酸原、磷酸盐储存化合物、生物合成中间产物、蛋白质稳定剂和 os-molyte),在不同的产甲烷菌中可能完成一种或一种以上功能。

5. 氨基酸

产甲烷菌中含有其他微生物所含有的各种氨基酸,至今尚未发现有特殊的氨基酸存在。在不同种产甲烷菌中氨基酸的含量不同,见表 3.2,可以看出谷氨酸含量最高,其次是丙氨酸。

表 3.2　产甲烷细胞内氨基酸的数量

氨基酸	嗜热自养甲烷杆菌		巴氏甲烷八叠球菌	
	μmol/500 mg 细胞	占总氨基酸的百分比	μmol/500 mg 细胞	占总氨基酸的百分比
天门冬氨酸	1.81±0.24	2.5	2.50±0.54	3.1
苏氨酸	0.85±0.12	1.2	1.96±0.42	2.4
丝氨酸	0.65±0.16	0.9	0.49±0.23	0.6
谷氨酸	37.86±4.92	51.5	53.04±12.27	64.8
谷氨酰胺	存在		存在	
脯氨酸	0.89±0.09	1.2	0.81±0.35	1.0
甘氨酸	3.88±0.50	5.3	4.12±0.89	5.0
缬氨酸	0.75±0.24	1.0	1.48±0.28	1.8
亮氨酸	0.85±0.10	0.8	0.70±0.10	0.9
丙氨酸	23.73±2.55	32.3	15.25±1.66	18.6
赖氨酸	1.80±0.28	2.4	0.95±0.20	1.2
精氨酸	0.67±0.13	0.9	0.53±0.12	0.6
总计	73.47		81.83	

3.3　产甲烷菌的辅酶

产甲烷菌是迄今所知最严格的厌氧菌,因为它不仅必须在无氧条件下才能生长,而且只有当氧化还原电位低于 -330 mV 时才产甲烷。它们从简单的碳化合物转化成甲烷的过程中获得生长所需的能量。产甲烷菌能够利用的基质范围很窄。绝大多数产甲烷菌从 H_2 还原 CO_2 生成甲烷的过程中获取能量。

产甲烷菌在生长和产甲烷过程中有一整套作为 C 和电子载体的辅酶(表3.3)。在这些辅酶中,有些是产甲烷菌与非产甲烷菌所共有的。例如,ATP、FAD、铁氧还蛋白、细胞色素和维生素 B_{12}。同时产甲烷菌体内有 7 种辅酶因子是其他微生物及动植物体内不存在的,它们是辅酶 M、辅酶 F_{420}、辅酶 F_{350}、B 因子、CDR 因子和运动甲烷杆菌因子。这些因子,可以分为两类:①作为甲基载体的辅酶;②作为电子载体的辅酶。产甲烷菌的生理特性与其细胞内存在的许多特殊辅酶有密切关系。这些辅酶有 F_{420}、CoM 等。

表 3.3　产甲烷菌的辅酶

辅酶	特征性结构成分	功能	类似物
CO_2 还原因子	对位取代的酚,呋喃,甲酰胺	甲酰水平上的 C_1 载体	无
(四氢)甲基喋呤	7-甲基喋呤,对位取代的苯胺	甲酰和甲基水平上的 C_1 载体	四氢叶酸
辅酶 M	2-巯基乙烷硫胺	甲基水平上的 C_1 载体	无
F_{436} 因子	Ni-四吡咯卟吩型结合	末端步骤中的辅酶	无
辅酶 F_{436}	5-去氮核黄素	电子载体	黄素,NAD
B 因子	未知	末端步骤中的辅酶	未知
因子 III	5-羟苯并咪唑钴胺	甲基水平上的 C_1 载体	5,6-二甲苯咪唑钴胺(B_{11})
细胞色素,铁氧还蛋白,FAD,ATP		辅酶作用不大	

产甲烷代谢途径中包含了两类重要的辅酶:①作为甲基载体的辅酶;②作为电子载体的辅酶。主要的辅酶有氢化酶、辅酶 F_{420}、辅酶 M(CoM)、甲基呋喃、四氢甲基喋呤、辅酶 F_{350}、辅酶 F_{430} 等。

3.3.1　氢化酶

在产甲烷菌作用下,二氧化碳被氢还原成甲烷的初始步骤是分子氢的激活。利用 H_2/CO_2 为基质的产甲烷菌通常包含两种氢化酶:一种是利用辅酶 F_{420} 为电子受体的氢化酶,另一种是非还原性辅酶 F_{420} 氢化酶。在产甲烷代谢中,辅酶 F_{420} 氢化酶催化次甲基四氢甲基喋呤还原成亚甲基四氢甲基喋呤,再进一步催化还原成甲基喋呤;非还原性辅酶 F_{420} 氢化酶的生理功能有:①激活二氧化碳,并将它催化还原成甲酰基甲基呋喃;②在甲基辅酶 M 的还原过程中提供电子。迄今为止,研究人员已对 20 多种微生物的氢化酶进行了较为详尽的研究。从已报道的研究结果来看,产甲烷菌的氢化酶结构类似于铁氧还蛋白,并含有对酸不稳定硫,其活性中心为[4Fe—4S],其结构如图 3.2 所示。

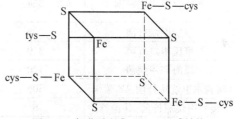

图 3.2　氢化酶的[4Fe—4S]结构

3.3.2　辅酶 F_{420}

辅酶 F_{420} 是一种脱氮黄素单核苷酸的类似物,在膦酸酯侧链上附有一条 N-(N-L-乳酰基-r-谷酰基)-L-谷氨酸侧链(图 3.3)。在不同的生长条件下,产甲烷菌能合成侧链上有 3~5 个谷酰胺基团的辅酶 F_{420} 衍生物。氧化态的辅酶 F_{420} 的激发波长为 420 nm,发射波长为 480 nm。辅酶 F_{420} 首先被 Fzeng 和 Cheeseman 等所发现,后来被证实在产甲烷细菌中普遍存在。

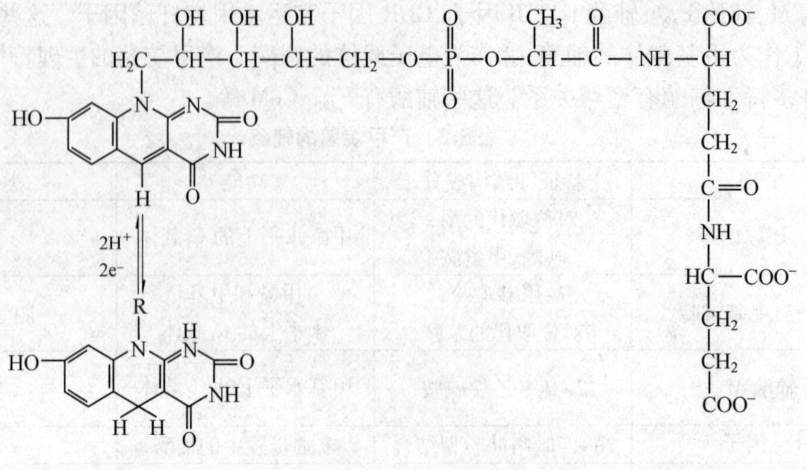

图3.3　辅酶 F_{420} 的结构

由表3.4可以看出,大多数产甲烷菌中辅酶 F_{420} 质量浓度相当高,一般不低于 150 mg/(kg 湿细胞),但在巴氏甲烷八叠球菌和瘤胃甲烷短杆菌中辅酶 F_{420} 的质量浓度却很低[<20 mg/(kg 湿细胞)]。目前除产甲烷菌外,还没有发现其他专性厌氧菌存在有辅酶 F_{420} 和其他在420 nm激发、480 nm发射荧光的物质。因此,利用荧光显微镜检测菌落产生的荧光已成为定产甲烷菌的一种重要技术手段。

$$H_2 + F_{420} \Longrightarrow H_2 F_{420}$$

表3.4　产甲烷菌和非产甲烷菌细胞内辅酶 F_{420} 的质量浓度

产甲烷细菌	辅酶 F_{420} 质量浓度 /[mg·(kg 湿细胞)$^{-1}$]	非产甲烷细胞	辅酶 F_{420} 含量 /[pmol·(mg 干重)$^{-1}$]
布氏甲烷杆菌 M.O.H. 菌株	410	嗜盐细菌菌株 GN-1	>210
布氏甲烷杆菌 M.O.H.G. 菌株	226	嗜热菌质体(Thermoplasma)	>5.0
嗜热自养甲烷杆菌	324	硫叶菌 (Sulf ol obus solf at icus)	>1.1
甲酸甲烷杆菌	206	链霉菌(Strep tamy ces spp.)	<20
亨氏甲烷杆菌	319		
黑海产甲烷菌	120		
嗜树木甲烷短杆菌 AZ 菌株	306		
瘤胃甲烷短杆菌 MI 菌株	6		
巴氏甲烷八叠球菌	16		
非产甲烷菌		产甲烷菌	
何德氏产乙酸杆菌	<2	嗜热自养甲烷杆菌	3 800
大肠杆菌 JK-1	<3	甲酸甲烷杆菌	2 400

　　辅酶 F_{420} 的作用是独特的,它不能替代其他电子载体,也不能被其他电子载体所替代。这可能由于辅酶 F_{420} 与其他电子载体的分子结构不同,还可能因为它们的氧化还原电位不同。辅酶 F_{420} 是一种低电位($E_0 = -340 \sim -350$ mV)电子载体。由于大部分产甲烷菌缺少铁氧还蛋白,辅酶 F_{420} 替代它起电子载体的作用。

3.3.3　辅酶 M(CoM)

　　1970 年,McBride 和 Wolfe 在甲烷杆菌 M.O.H 菌株中发现了一种参与甲基转移反应的辅酶,并将其命名为辅酶 M。Gunsalus 和 Wolfe 发现嗜热自养甲烷杆菌的细胞粗提取液中加入甲基辅酶 M 后,产甲烷速率提高 30 倍,这种现象被称为 RPG 效应。它表明辅酶 M 在产甲烷过程中起着极为重要的作用。辅酶 M 的化学结构如图 3.4 所示。

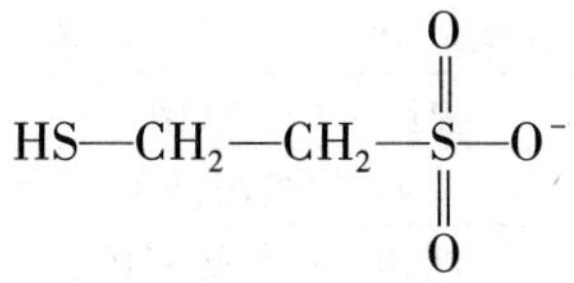

$$HS—CH_2—CH_2—\overset{\overset{\displaystyle O}{\|}}{\underset{\underset{\displaystyle O}{\|}}{S}}—O^-$$

图 3.4　辅酶 M 的结构图

　　辅酶 M 是迄今已知的所有辅酶中相对分子质量最小的一种,辅酶 M 含硫量高,具有良好的渗透性,无荧光,在 260 nm 处有最大的吸收值。另外辅酶 M 是对酸及热均稳定的辅助因子。辅酶 M 有三个特点:①是产甲烷菌独有的辅酶,可鉴定产甲烷菌的存在;②在甲烷形成过程中,辅酶 M 起着转移甲基的功能;③辅酶 M 中的 $CH_3—S—CoM$ 具有促进 CO_2 还原为 CH_4 的效应,它作为活性甲基的载体,在 ATP 的激活下,迅速形成甲烷。

$$CH_3—S—CoM \xrightarrow{H_2,ATP} CH_4 + HS—CoM$$

　　辅酶 M 有 3 种存在形式,见表 3.5。

表 3.5　辅酶 M 的存在形式

简写	化学结构	化学名称	俗称
HS—CoM	$HS—CH_2CH_2SO_3^-$	2-巯基乙烷磺酸	辅酶 M
$(S—CoM)_2$	$O_3SCH_2CH_2S—SCH_2CH_2SO_3^-$	2,2'-二硫二乙烷磺酸	甲基辅酶 M
$CH_3—S—CoM$	$CH_3—S—CH_2CH_2SO_3^-$	2-(甲基硫)乙烷磺酸	甲基辅酶 M

　　这 3 种形式的转化过程可以表述为:

　　① HS—CoM 为 CoM 的原型。

　　②CoM 在空气中极易被氧化为 2,2'-二硫二乙烷磺酸[$(S—CoM)_2$],在 NADPH—$(S—CoM)_2$ 还原酶的作用下,$(S—CoM)_2$ 还原成为活性 HS—CoM 。

　　③HS-CoM 在转甲基酶的作用下经过甲基化作用,形成 $CH_3—S—CoM$ 。

　　由表 3.6 可知,不同种的产甲烷菌或同种但利用的底物不同,所含辅酶 M 的数量也有差异,一般浓度为 $0.3 \sim 1.6$ μmol/(mg 干重)。

表 3.6　产甲烷菌细胞内辅酶 M 的浓度

产甲烷菌		无细胞提取液中	完整细胞中	
		nmol/(mg 蛋白)	nmol/mg	nmol/(mg 蛋白)
嗜热自养甲烷杆菌		3.0　6.1　9.1　21.1	2.0	6.7
甲酸甲烷杆菌		3.2　31.2	8.4	17.5
亨氏甲烷螺菌		>0.1	1.2	3.0
布氏甲烷杆菌		17.8　19.0	6.0	12.1
巴氏甲烷八叠球菌 MS	H_2/CO_2	15.0　20.0　20.0　22.0	1.5	3.0
	CH_3OH	50.0	16.2	44.4
史氏甲烷短杆菌 PS		—	5.0	8.3
瘤胃甲烷短杆菌		0.3　0.48	0.5	0.7
嗜树木甲烷短杆菌		—	3.3	—
活动甲烷微菌		0.3	0.3	0.26
嗜树木甲烷短杆菌 AZ		—		5.1
卡列阿科产甲烷菌 JRI		—		0.75
黑海产甲烷菌 JRI		—		0.32
范尼氏甲烷球菌		0.5		
沃氏甲烷球菌 PS		2.0		

3.3.4　甲基呋喃

在利用 H_2/CO_2 产甲烷的代谢途径中,甲基呋喃(MFR)是 CO_2 激活和还原过程中的第一个载体,所以早期的文献中称它为二氧化碳还原因子(CDR)。甲基呋喃的结构如图 3.5 所示,它是一类 C_4 位取代的氨基呋喃类化合物,存在于所有的产甲烷菌中。在产甲烷菌中目前至少发现了有五种 R 取代基不同的甲基呋喃衍生物。

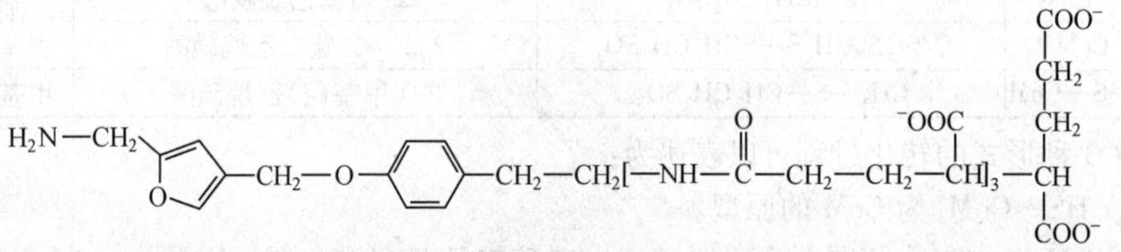

图 3.5　甲基呋喃的基本结构

甲基呋喃的相对分子质量为 748,在产甲烷菌中的质量浓度为 0.5 ~ 2.5 mg/(kg 细胞干重)。目前有关甲基呋喃衍生物作为产甲烷过程生化指标的测定方法还未见专门的报道。

3.3.5　四氢甲基喋呤

四氢甲基喋呤(H_4MTP)是产甲烷代谢 C_1 化合物还原和甲基转移的重要载体。它从甲酰基甲基呋喃获得甲酰基,将其还原为甲基,最后将甲基传递给辅酶 M。四氢甲基喋呤的化学结构与四氢叶酸有相似之处,如图 3.6 所示。甲烷八叠球菌 spp 菌株含有四氢甲基喋呤的另一种异构体——四氢八叠喋呤,只是 R 取代基中多了一个谷酰胺基。

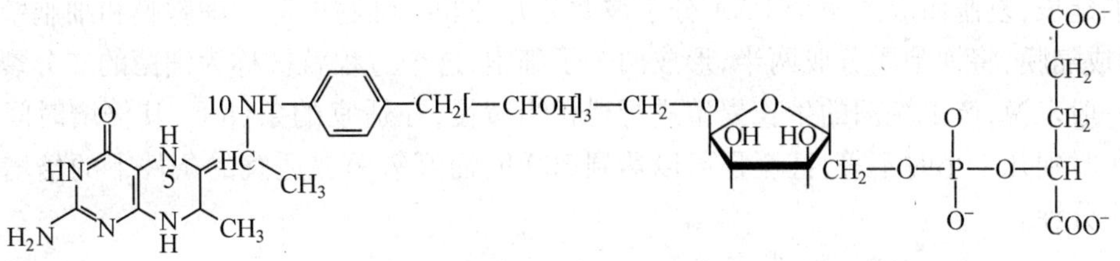

图 3.6　四氢甲基喋呤的基本结构

四氢甲基喋呤是一种能发射荧光的化合物(激发波长 $E_m = 287$ nm,发射波长 $E_x = 480$ nm),在紫外光照射下能够发出蓝色荧光,可用高压液相色谱技术进行分离。根据它的这些性质,可定量测定产甲烷菌中的四氢甲基喋呤。

3.3.6　辅酶 F_{350}

辅酶 F_{350} 是一种含镍的具有吡咯结构的化合物,在紫外光(波长 350 nm)的照射下,会发出蓝白色荧光。研究表明,它很可能在甲基辅酶 M 还原酶的反应中起作用。

3.3.7　辅酶 F_{430}

辅酶 F_{430} 是一种含镍的、低相对分子质量的经羧甲基和羧乙基甲基化修饰的黄色化合物。它具有四吡咯结构。F_{430} 是甲基辅酶 M 还原酶组分 C 的弥补基,参与甲烷形成的末端反应。F_{430} 在产甲烷菌中的含量丰富,约为 $0.23 \sim 0.80$ μmol/(g 细胞干重)。F_{430} 在细胞中主要是与细胞内的蛋白质部分结合,很少游离于细胞中。

当产甲烷菌生长在有限 Ni 浓度条件下生长时,被吸收的 Ni 中的 50% ~ 70% 用于合成细胞中的 F_{430},剩余 30% ~ 50% 的 Ni 结合在细菌的蛋白质部分。生长于 Ni 浓度为 5 μmol/L 时,产甲烷菌和非产甲烷菌体内的 Ni 及 F_{430} 的浓度见表 3.7。

表 3.7　Ni 浓度为 5 μmol/L 时,产甲烷菌和非产甲烷菌体内的 Ni 含量及 F_{430} 的浓度

	生　物	Ni /(nmol · L^{-1})	F_{430} /(nmol · L^{-1})
产甲烷菌	嗜热自养产甲烷菌 *Marburg*	1 100	800
	嗜热自养产甲烷菌 ΔH	—	643
	史氏甲烷短杆菌	680	307
	范尼氏甲烷球菌	290	227
	亨氏甲烷螺菌	581	482
	巴氏甲烷八叠球菌	—	800
非产甲烷菌	嗜热乙酸梭菌	250	<10
	伍德氏乙酸杆菌	400	<10
	大肠杆菌	—	<10

3.4　产甲烷菌的生长繁殖

产甲烷菌主要采用二分裂殖法进行繁殖,即一个细菌细胞壁横向分裂,形成两个子代细胞。具体来说就是当细菌细胞分裂时,DNA 分子附着在细胞膜上并复制为二,然后随着细

胞膜的延长,复制而成的两个 DNA 分子彼此分开;同时,细胞中部的细胞膜和细胞壁向内生长,形成隔膜,将细胞质分成两半,形成两个子细胞,这个过程就被称为细菌的二分裂。

一般来说,产甲烷菌的生长繁殖进行得相当缓慢,在适宜的条件下,其倍增时间可以达到几小时到几十小时不等,甚至还可以达到 100 h,而好氧菌在适宜的条件下的倍增时间仅为数十分钟。

3.4.1 营养条件

几种产甲烷菌生长和产甲烷的适宜基质见表 3.8,产甲烷菌的营养需求主要分为能源及碳源、氮源以及微量金属元素和维生素。

表 3.8　几种产甲烷菌生长和产甲烷的适宜基质

菌名	生长和产甲烷的基质	菌名	生长和产甲烷的基质
甲酸甲烷杆菌	H_2、HCOOH	亨氏甲烷螺菌	H_2、HCOOH
布氏甲烷杆菌	H_2	索氏甲烷丝菌	CH_3COOH
嗜热自养甲烷杆菌	H_2	巴氏甲烷八叠球菌	H_2、CH_3COH　CH_3NH_2、CH_3COOH
瘤胃甲烷短杆菌	H_2、HCOOH	嗜热甲烷八叠球菌	CH_3OH、CH_3NH_2、CH_3COOH
万氏甲烷球菌	H_2、HCOOH	嗜甲基甲烷球菌	CH_3OH、CH_3NH_2

3.4.1.1　能源及碳源

产甲烷菌只能利用简单的碳素化合物,这与其他微生物用于生长和代谢的能源和碳源明显不同。常见的基质包括 H_2/CO_2、甲酸、乙酸、甲醇、甲胺类等。有些种能利用 CO 为基质但生长差,有的种能生长于异丙醇和 CO_2 上。绝大多数产甲烷菌可利用 H_2,但食乙酸的索氏甲烷丝菌、嗜热甲烷八叠球菌等不能利用 H_2,能利用氢的产甲烷菌多数可利用甲酸,有些只能利用氢。甲烷八叠球菌在产甲烷菌中是能代谢底物种类最多的细菌,一般可利用 H_2/CO_2、甲醇、乙酸、甲胺、二甲胺、三甲胺,有的还可利用 CO 生长。后来的研究发现,一些食氢的产甲烷菌还可利用短链醇类作为电子供体,以仲醇为电子供体时,产甲烷菌能够将其氧化成酮;以伯醇为电子供体时,产甲烷菌能够将仲醇氧化成酸。

根据碳源物质的不同,可以把产甲烷菌分为无机营养型、有机营养型、混合营养型 3 类。无机营养型仅利用 H_2/CO_2;有机营养型仅利用有机物,混合营养型既能利用 H_2/CO_2,又能利用 CH_3COOH、CH_3NH_2 和 CH_3OH 等有机物。

细胞得率是用于对细胞反应过程中碳源等物质生成细胞或其产物的潜力进行定量评价的量。产甲烷菌的细胞得率 Y_{CH_4} 随生长基质的不同而不同,以巴氏甲烷八叠球菌为例(表 3.9)。

表 3.9　巴氏甲烷八叠球菌的细胞得率 Y_{CH_4}

生长基质	反应	$\Delta G^{0'}$ /(kJ·mol^{-1})	Y_{CH_4} /(mg·mmol^{-1})
CH_3COOH	$CH_3COOH \longrightarrow CH_4+CO_2$	−31	2.1
CH_3OH	$4CH_3OH \longrightarrow 3CH_4+CO_2+2H_2O$	−105.5	5.1
H_2/CO_2	$4H_2+CO_2 \longrightarrow CH_4+2H_2O$	−135.7	8.7±0.8

从表 3.10 中可以看出,在形成甲烷的几种基质中,碳原子流向甲烷的容易程度大致如下:$CH_3OH>CO_2> * CH_3COOH>CH_3 * COOH$。此外,研究表明,乙酸甲基碳流向甲烷的数量受其他甲基化合物的影响很大。例如,当乙酸单独存在时,96% 的乙酸甲基碳流向甲烷;而

当有甲醇存在时,乙酸甲基碳更多的是流向 CO_2 和合成细胞。

表 3.10　产甲烷菌利用不同基质的自由能

反应	ΔG^0 /($kJ \cdot mol^{-1}$)
$4H_2 + CO_2 \longrightarrow CH_4 + 2H_2O$	-131
$4HCOO^- + 4H^+ \longrightarrow CH_4 + 3CO_2 + 2H_2O$	-119.5
$4CO + 2H_2O \longrightarrow CH_4 + 3CO_2$	-185.5
$4CH_3OH \longrightarrow 3CH_4 + CO_2 + 2H_2O$	-103
$4CH_3NH_3^+ + 2H_2O \longrightarrow 3CH_4 + CO_2 + 4NH_4^+$	-74
$2(CH_3)_2NH_2^+ + 2H_2O \longrightarrow 3CH_4 + CO_2 + 2NH_4^+$	-74
$4(CH_3)_3NH^+ + 6H_2O \longrightarrow 9CH_4 + 3CO_2 + 4NH_4^+$	-74
$CH_3COO^- + H^+ \longrightarrow CH_4 + CO_2$	-32.5
$4CH_3CHOHCH_3 + HCO_3^- + H^+ \longrightarrow 4CH_3COCH_3 + CH_4 + 3H_2O$	-36.5

产甲烷菌将 CO_2 固定为细胞碳的途径至今研究得还不是很明确,目前普遍认为 2 分子 CO_2 缩合最终形成乙酰 CoA,Holder 等提出 CO_2 固定的推测图示,如图 3.7 所示。

$$CO_2 \rightarrow CH_3-X \longrightarrow CH_3-S-CoM \longrightarrow CH_4$$

$$CO_2 \longrightarrow [CO]-Y \xrightarrow{CH_3-X} CH_3-CO-Y \xrightarrow{HS-CoA} CH_3-CO-SCoA \longrightarrow 细胞碳$$

图 3.7　由 CO_2 合成乙酰 CoA 的推测性图示

X 和 Y 分别表示含类咕啉的甲基转移酶和 CO 脱氢酶。在 CO 脱氢酶的作用下 CO_2 还原成为乙酸中的羧基,当这一还原过程被氰化物一致后,CO 就能代替 CO_2 而被转化为乙酰 CoA 中的 C_1。

3.4.1.2　氮源

产甲烷菌能利用铵态氮为氮源,但对氨基酸的利用能力差。瘤胃甲烷短杆菌的生长要求氨基酸。酪蛋白胰酶水解物可以刺激某些产甲烷菌和布氏甲烷杆菌的生长。一般来说,培养基中加入氨基酸,可以明显缩短世代时间,且可增加细胞产量。产甲烷菌中氨同化的过程与一般的微生物相同,都是以谷氨酸合成酶(GS)/α-酮戊二酸氨基转移酶(GOGAT)途径为第一氨同化机理。在嗜热自养甲烷杆菌的细胞浸提液中丙氨酸脱氢酶(ADH)的活性达到 (15.7 ± 4.5) nmol/(min $\cdot$ mg 蛋白),起着第二氨同化机理的作用,表 3.11 所示的氨转移酶的活性证明了这一点。

表 3.11　产甲烷菌中氨转移酶活性的比较

酶	比活性/[nmol $\cdot$ (min $\cdot$ mg 蛋白)$^{-1}$]	
	嗜热自养甲烷杆菌	巴氏甲烷八叠球菌
谷氨酸合成酶	6.1 ± 2.6	93.0 ± 25.8
谷氨酸脱氢酶	<0.05	<0.05
谷氨酰胺合成酶	<0.05	<0.05
谷氨酸/丙酮酸转氨酶	102.0 ± 25.9	6.4 ± 1.19
谷氨酸/草酰乙酸转氨酶	348.8 ± 124.2	9.7 ± 2.69
丙氨酸脱氢酶	15.7 ± 4.5	<0.05

丙氨酸脱氢酶(ADH)的活性依赖于丙酮酸、NADH 和氨的浓度,对氨有较高的 K_m 值,当嗜热自养甲烷杆菌从过量的环境转移至氨浓度在较低水平时,ADH 的活性显著降低,而

谷氨酸合成酶(GS)/α-酮戊二酸氨基转移酶(GOGAT)的比活性提高;相反当从氨浓度在较低水平转移至氨浓度过量的环境中时,ADH 的活性显著提高,而谷氨酸合成酶(GS)/α-酮戊二酸氨基转移酶(GOGAT)的比活性下降,见表 3.12。

表 3.12 铵浓度对嗜热自养甲烷杆菌的 ADH 和 GS 比活性的影响

氮源	NH_4^+浓度 /(mmol·L^{-1})		比活性 /[nmol·(min·mg 蛋白)$^{-1}$]	
	贮库	容量	ADH	GS
起始过量	15.4	13.2	2.96±1.26	0.78±0.35
转入限制	1.5	0.02	0.49±0.35	1.54±0.64
起始限制	1.5	0.88	0.56±0.44	1.43±0.71
转入过量	20.0	—	1.98±0.65	0.86±0.31

3.4.1.3 其他营养条件

Speece 对产甲烷菌所需的营养给出一个顺序:N、S、P、Fe、Co、Ni、Mo、Se、维生素 B_2、维生素 B_{12}。缺乏上述某一种营养,甲烷发酵仍会进行但速率会降低,特别指出的是只有当前面一个营养元素足够时,后面一个才能对甲烷菌的生长起激活作用。

近年来的研究表明,Ni 是产甲烷菌必需的微量金属元素,是尿素酶的重要成分。产甲烷菌生长除需要 Ni 以外,尚需 Fe、Co、M、Se、W 等微量元素,但对产甲烷菌中的 F_{430} 而言,其他微量金属元素均不能替代 Ni 的作用。

某些产甲烷菌必须有某些维生素类才能生长,或有刺激作用,尤其是 B 族维生素培养基配制维生素溶液配方,见表 3.12。

表 3.12 维生素溶液配方 mg/L 蒸馏水

生物素	2	叶酸	2
盐酸吡哆醇	10	核黄素	5
硫胺素	5	烟酸	5
泛酸	5	维生素 B_{12}	0.1
对-氨基苯甲酸	5	硫辛酸	5

所有产甲烷菌的生长均需要 Ni、Co 和 Fe,有些产甲烷菌需要其他金属元素,如 Mo 能刺激嗜热自养甲烷杆菌和巴氏甲烷八叠球菌的生长并在细胞内积累。有些产甲烷菌的生长需要较高浓度 Mg 的存在。培养基配制常用微量元素溶液配方见表 3.13。

表 3.13 常用微量元素溶液配方 g/L 蒸馏水

氨基三乙酸	1.5	$MgSO_4 \cdot 7H_2O$	3.0
$MnSO_4 \cdot 7H_2O$	0.5	NaCl	1.0
$CoCl_2 \cdot 6H_2O$	0.1	$CaCl_2 \cdot 2H_2O$	0.1
$FeSO_4 \cdot 7H_2O$	0.1	$ZnSO_4 \cdot 7H_2O$	0.1
$CuSO_4 \cdot 5H_2O$	0.01	$AlK(SO_4)_2$	0.01
H_3BO_3	0.01	Na_2MoO_4	0.01
$NiCl_2 \cdot 6H_2O$	0.02		

3.4.2 环境条件

除了生长基质对产甲烷菌的生长繁殖有重要影响外,环境条件的作用也是不容忽视的,比较重要的环境条件主要包括氧化还原电位、温度和 pH 值。

3.4.2.1　氧化还原电位

产甲烷细菌是世人熟知的严格厌氧细菌,一般认为产甲烷细菌生长介质中的氧化还原电位应低于-0.3 V(Hungate,1967)。据 Hungate(1967)计算,在此氧化还原电位下 O_2 的质量浓度理论上为 10^{-56} g/L,因此可以这样说,在良好的还原生境中 O_2 是不存在的。

厌氧消化系统中氧化还原电位的高低对产甲烷菌的影响极为明显。产甲烷菌细胞内具有许多低氧化还原电位的酶系。当体系中氧化态物质的标准电位高和浓度大时(亦即体系的氧化还原电位时),这些酶系将被高电位不可逆转地氧化破坏,使产甲烷细菌的生长受到抑制,甚至死亡。例如,产甲烷细菌产能代谢中重要的辅酶因子在受到氧化时,即与蛋白质分离而失去活性。

一般认为,参与中温消化的产甲烷细菌要求环境中应维持的氧化还原电位应低于-350 mV;参与高温消化的产甲烷菌则应低于-500 mV。产甲烷菌在氧质量浓度低至 2～5 μL/L 的环境中才生长得好,甲烷生产量也大。

尽管产甲烷细菌在有氧气存在下不能生长或不能产生 CH_4,但是它们暴露于氧时也有着相当的耐受能力。

Zehnder 和 Brock(1980)将淤泥样稀释瓶在 37 ℃ 好氧条件下剧烈振荡 6 h,使黑色淤泥变为棕色,然后将此淤泥置于空间为空气的密闭血清瓶中培养。结果发现氧很快被耗尽,而且甲烷的氧化与形成几乎以 1:1 000 的速率平行发生,氧对于甲烷的氧化没有促进性影响,在氧耗尽后甲烷的形成和氧化都比氧耗尽前以更大的速率进行。这种经好氧处理的甲烷氧化和形成均比不经好氧处理下的要小。利用消化器污泥所获得的结果也与此相似。即氧不仅在某种程度上抑制甲烷的形成,也抑制甲烷的氧化,也表明氧并不是影响甲烷厌氧氧化的直接因子。

3.4.2.2　温度

根据产甲烷菌对温度的适应范围,可将产甲烷细菌分为 3 类:低温菌、中温菌和高温菌。低温菌的适应范围为 20～25 ℃,中温菌为 30～45 ℃,高温菌为 45～75 ℃。经鉴定的产甲烷菌中,大多数为中温菌,低温菌较少,而高温菌的种类也较多。

与甲烷形成一样,甲烷厌氧氧化液呈现出两个最适的温度范围:中温性和高温性。甲烷形成的第一个最适范围在 30～42 ℃,最高活性在 37 ℃ 左右;第二个活性范围在 50～60 ℃;最高在 55 ℃ 左右。这些结果表明甲烷形成与氧化活性的适宜温度范围是十分一致的。

应该指出的是,产甲烷菌要求的最适温度范围和厌氧消化系统要求维持的最佳温度范围经常是不一致的。例如,嗜热自养甲烷杆菌的最适温度范围为 65～70 ℃,而高温消化系统维持的最佳温度范围则为 50～55 ℃。所以存在差异,原因在于厌氧消化系统是一个混合菌种共生的生态系统,必须照顾到各菌种的协调适应性,以保持最佳的生化代谢之间的平衡。如果为了满足嗜热自养甲烷杆菌,把温度升至 65～70 ℃,则在此高温下,大部分厌氧的产酸细菌就很难正常生活。

3.4.2.3　pH 值

从图 3.8 可以看出大多数中温产甲烷菌的最适 pH 值范围在 6.8～7.2 之间,但各种产甲烷菌的最适 pH 值相差很大,从 6.0 到 8.5 不等。pH 值对产甲烷菌的影响主要表现在 3 个方面:影响菌体及酶系的生理功能及活性;影响环境的氧化还原电位;影响基质的可利用性。

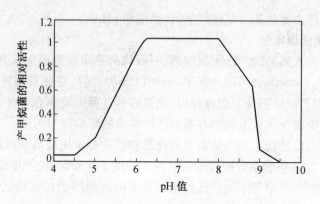

图 3.8　pH 值对反应器中产甲烷菌活性的影响

在培养产甲烷菌的过程中,随着基质的不断吸收,pH 值也随之变化,一般来说当基质为 CH_3COOH 或 H_2/CO_2 时,pH 值会逐渐升高;基质为 CH_3OH 时,pH 值会逐渐降低。pH 值的变化速度基本上与基质的利用速率成正比。当基质消耗尽时,pH 值会逐渐地趋向于某一稳定值。因为 pH 值的变化偏离了最适值或者试验规定值,因此不可避免地影响实验的准确性,因此当监测到 pH 值的变化时,要向培养基质中加入一些缓冲物质,如 K_3PO_4 和 KH_2PO_4,或者 CO_2 和 $NaHCO_3$ 等。

3.4.2.4　抑制剂

2-溴乙烷磺酸是产甲烷菌产甲烷的特异性抑制剂,它同样是甲烷厌氧氧化的强抑制剂。无论是在自然的厌氧环境中还是活性消化污泥中都显示出其抑制作用。而且甲烷的厌氧氧化过程比甲烷形成过程对此化合物似乎更为敏感。如在消化污泥和湖沉积物中抑制甲烷厌氧氧化活性 50% 的 2-溴乙烷磺酸浓度为 10^{-5} mol/L,而抑制 50% 甲烷形成活性则需 10^{-3} mol/L。2-溴乙烷磺酸对于以各种基质的甲烷形成和甲烷氧化抑制 50% 时的深度也不相同。另外,硫酸盐的存在不仅影响甲烷的形成也影响甲烷的厌氧氧化,而且呈现出硫酸盐对甲烷厌氧氧化的影响比对甲烷形成更大。随着硫酸盐浓度的增加,甲烷的厌氧氧化量占甲烷形成量的比率随之减小。在不存在或低浓度(1 mmol/L)硫酸盐情况下,甲烷的厌氧氧化量与甲烷形成量的比率随着温育时间的延长而增加,便随着硫酸盐浓度的增加,这种趋势渐趋消失。

3.5　产甲烷菌与不产甲烷菌之间的相互作用

无论是在自然界还是在消化器内,产甲烷菌是有机物厌氧降解食物链中的最后一组成员,其所能利用的基质只有少数几种 C_1、C_2 化合物,所以必须要求不产甲烷菌将复杂有机物分解为简单化合物。由于不产甲烷菌的发酵产物主要为有机酸、氢和二氧化碳,所以通称其为产酸(发酵)菌。它们所进行的发酵作用统称为产酸阶段。如果没有产甲烷菌分解有机酸产生甲烷的平衡作用,必然导致有机酸的积累使发酵环境酸化不产甲烷菌和产甲烷菌相互依存又相互制约。它们之间的相互关系可以分为协同作用和竞争作用。

3.5.1　协同作用

3.5.1.1　不产甲烷菌为产甲烷菌提供生长和产甲烷所必需的基质

不产甲烷菌把各种复杂有机物(如碳水化合物、脂肪、蛋白质)进行降解,生成游离氢、二氧化碳、氨、乙酸、甲酸、丙酸、丁酸、甲醇、乙醇等产物。其中丙酸、丁酸、乙醇等又可被产氢产乙酸菌转化为氢、二氧化碳和乙酸等。这样,不产甲烷菌通过其生命活动为产甲烷菌提供了合成细胞物质和产甲烷所需的碳前体和电子供体、氢供体和氮源。产甲烷菌则依赖不产甲烷菌所提供的食物而生存,同时通过降低氢分压使得不产甲烷菌的反应顺利进行。

3.5.1.2　不产甲烷菌为产甲烷菌创造适宜的厌氧环境

产甲烷菌为严格厌氧微生物,只能生活在氧气不能到达的地方。厌氧微生物之所以要如此低的氧化还原电位,一是因为厌氧微生物的细胞中无高电位的细胞色素和细胞色素氧化酶,因而不能推动发生和完成那些只有在高电位下才能发生的生物化学反应;二是因为对厌氧微生物生长所必需的一个或多个酶的—SH,只有在完全还原以后这些酶才能活化或活跃地起酶学功能。严格厌氧微生物在有氧环境中会被极快杀死,但它们并不是被气态的氧所杀死,而是不能解除某些氧代谢产物而死亡。在氧还原成水的过程中,可形成某些有毒的中间产物,例如,过氧化氢(H_2O_2)、超氧阴离子(O_2^-)和羟自由基($OH \cdot$)等。好氧微生物具有降解这些产物的酶,如过氧化氢酶、过氧化物酶、超氧化物歧化酶(SOD)等,而严格厌氧微生物则缺乏这些酶。超氧阴离子(O_2^-)由某些氧化酶催化产生,超氧化物歧化酶可将 O_2^- 转化为 O_2 和 H_2O_2。H_2O_2 可被过氧化氢酶转化为水和氧。

3.5.1.3　不产甲烷菌为产甲烷菌清除有毒物质

在处理工业废水时,其中可能含有酚类、苯甲酸、抗菌素、氰化物、重金属等对于产甲烷菌有害的物质。不产甲烷菌中有许多种类能裂解苯环,并从中获得能量和碳源,有些能以氰化物为碳源。这些作用不仅解除了对产甲烷菌的毒害,而且给产甲烷菌提供了养分。此外,不产甲烷菌代谢所生成的硫化氢,可与重金属离子作用生成不溶性的金属硫化物沉淀,从而解除一些重金属的毒害作用。如:

$$H_2S+Cu^{++}\longrightarrow CuS \downarrow +2H^+$$

$$H_2S+Pb^{++}\longrightarrow PbS+2H^+$$

3.5.1.4　产甲烷菌为不产甲烷菌的生化反应解除了反馈抑制

不产甲烷菌的发酵产物可以抑制产氢细菌的继续产氢,酸的积累可以抑制产酸细菌的继续产酸。当厌氧消化器中乙酸质量分数超过 0.3% 时,就会产生酸化,使厌氧消化不能很好地进行下去,会使沼气发酵失败。要维持良好的厌氧消化效果,乙酸质量分数在 0.3% 左右较好。在正常沼气发酵工程系统中,产甲烷菌能连续不断地利用不产甲烷菌产生的氢气、乙酸、CO_2 等合成甲烷,不致有氢和酸的积累,因此解除了不产甲烷菌产生的反馈抑制,使不产甲烷菌能继续正常生活,又为产甲烷菌提供了合成甲烷的碳前体。

3.5.1.5　不产甲烷菌和产甲烷菌共同维持环境中适宜的 pH

在沼气发酵初期,不产甲烷菌首先降解原料中的糖类、淀粉等产生大量的有机酸、CO_2,CO_2 又能部分溶于水形成碳酸,使发酵液料中 pH 明显下降。但是不产甲烷菌类群中还有一类细菌叫氨化细菌,能迅速分解蛋白质产生氨,氨可中和部分酸。

3.5.2 竞争作用

3.5.2.1 基质的竞争

在天然生境中,产甲烷细菌厌氧代谢存在着 3 个主要竞争基质的对象:硫酸盐还原细菌、产乙酸细菌和三价铁(Fe^{3+})还原细菌。

大多数硫酸盐还原细菌为革兰氏阴性蛋白细菌,其中脱硫肠状菌属为真细菌的革兰氏阳性分支,而极端嗜热的古生球菌属为古细菌。它们都能够利用硫酸盐或硫的其他氧化形式(硫代硫酸盐、亚硫酸盐和元素硫)作为电子受体生成硫化物作为主要的还原性产物。作为一个细菌类群,它们能够利用的电子供体比产甲烷细菌要宽得多,包括有机酸、醇类、氨基酸和芳香族化合物。

产乙酸细菌(又称为耗 H_2 产乙酸细菌或同型产乙酸细菌)属真细菌的革兰氏阳性分支,作为一个类群,它们能够利用基质的种类更多,包括糖类、嘌呤和甲氧基化芳香族化合物的甲氧基。

Fe^{3+} 还原细菌最近才有研究报道。有一种叫作 GS-15 的 Fe^{3+} 还原细菌,能够利用乙酸或芳香族化合物作为电子供体,而腐败希瓦氏菌能够利用 H_2、甲酸或有机化合物作为电子供体还原三价铁离子。

3.5.2.2 H_2 的竞争

一种可以表示微生物的氢气竞争能力的量是细菌利用 H_2 的表观 K_m 值。产甲烷细菌和产甲烷生境利用 H_2 的表观 K_m 值为 4~8 $\mu mol/L$(550~1 100 Pa),而硫酸盐还原细菌的表观 K_m 值要低一些,约为 2 $\mu mol/L$;白蚁鼠孢菌,一种产乙酸细菌,其表观 K_m 值为 6 $\mu mol/L$。一些厌氧细菌的表观 K_m 值见表 3.14。

表 3.14 纯菌培养物和产甲烷生境利用 H_2 的表观 K_m 值

细菌或生境	表观 K_m 值	
	μm	Pa
亨氏甲烷螺菌	5	670
巴氏甲烷八叠球菌	13	1 000
嗜热自养甲烷杆菌	8	1 100
甲酸甲烷杆菌	6	800
普通脱硫弧菌	2	250
脱硫脱硫弧菌	2	270
白蚁鼠孢菌	6	800
瘤胃液	4~9	860
污水污泥	4~7	740

另外可以表示氢气竞争能力的值为基质利用的最低临界值,该值可以用来描述厌氧氢营养型细菌之间的相互作用。一些厌氧细菌的最低临界值见表 3.15。

表 3.15　氢营养型厌氧细菌的临界值

细菌	电子接受反应	ΔG^0 /($kJ \cdot mol^{-1}$)	H_2临界值 Pa	H_2临界值 nmol/L
伍氏醋酸杆菌	$CO_2 \longrightarrow$ 乙酸	−26.1	52	390
亨氏甲烷螺菌	$CO_2 \longrightarrow CH_4$	−33.9	3.0	23
史氏甲烷短杆菌	$CO_2 \longrightarrow CH_4$	−33.9	10	75
脱硫脱硫弧菌	$SO_4^{2-} \longrightarrow H_2S$	−38.9	0.9	6.8
伍氏醋酸杆菌	咖啡酸 $\longrightarrow$ 氢化咖啡酸	−85.0	0.3	2.3
产琥珀酸沃林氏菌	延胡索酸 $\longrightarrow$ 琥珀酸	−86.0	0.002	0.015
产琥珀酸沃林氏菌	$NO_3^- \longrightarrow NH_4^+$	−149.0	0.002	0.015

3.5.2.3　乙酸的竞争

甲烷丝菌被认为只能够利用乙酸,利用乙酸缓慢,细胞产量低,而且能够在非常低的浓度下利用乙酸。另一方面,甲烷八叠球菌利用基质的范围要宽得多,能够利用几种基质生长,利用这些基质的速度快,而且有较高的细胞产量。

TAM 有机体是一种嗜热的乙酸营养型产甲烷细菌,它除了利用乙酸外,还能够利用 H_2/CO_2 和甲酸。TAM 有机体利用乙酸的倍增时间是 4 d,比典型的嗜热甲烷八叠球菌的倍增时间(约 0.5 d)或甲烷丝菌的倍增时间(约 1 d)要长得多。

其他乙酸营养型厌氧细菌,包括硫酸盐还原细菌和 Fe^{3+} 还原细菌。正如利用 H_2 产甲烷作用一样,高浓度的硫酸盐和 Fe^{3+} 都会明显抑制沉积物中利用乙酸的产甲烷作用。乙酸营养型厌氧培养物进行乙酸代谢的表观 K_m 值和最低临界值见表 3.16。

表 3.16　乙酸营养型厌氧培养物进行乙酸代谢的表观 K_m 值和最低临界值

细菌	表观 K_m 值	临界值
巴氏甲烷八叠球菌 *Fusaro* 菌株	3.0	0.62
巴氏甲烷八叠球菌 227 菌株	4.5	1.2
甲烷丝菌	—	0.069
索氏甲烷丝菌 *Opfikon* 菌株	0.8	0.005
索氏甲烷丝菌 *CALS*-1 菌株	>0.1	0.012
索氏甲烷丝菌 *GP*1 菌株	0.86	—
索氏甲烷丝菌 *MT*-1 菌株	0.49	—
TAM 有机体	0.8	0.075
乙酸氧化互营培养物	—	>0.2
波氏脱硫菌	0.23	—

3.5.2.4　其他产甲烷基质的竞争

硫酸盐含量高的海洋和港湾沉积物中,产甲烷速率都很低。San Francisco Bay 沉积物中加入 H_2/CO_2 和乙酸的产甲烷作用会被硫酸盐抑制,但硫酸盐不能抑制甲醇、三甲胺和蛋氨酸的产甲烷作用,因为这些基质能够转化成甲硫醇和二甲硫。此外,在沉积物中加入产甲烷抑制剂溴乙烷硫酸,会引起甲醇的积累,而 ^{14}C—甲醇在这些沉积物中会被转化成甲烷。因此人们假定,这些甲基化合物为"非竞争性"基质,硫酸盐还原细菌对它们的利用能力极差。但是,King(1984)获得了海洋沉积物中的硫酸盐还原细菌氧化甲醇的研究结果,以及一些甲胺的氧化作用,然而目前尚不清楚的是,什么环境条件有利于甲基化基质的产甲烷作用而不利于利用甲基化基质的硫酸盐还原作用。

第4章 产甲烷菌的基因组研究

4.1 产甲烷菌基因组特征

基因组(genome)是一个物种的单倍体的所有染色体及其所包含的遗传信息的总称。基因组和比较基因组的研究为一个物种基因的组织形式和不同物种间基因的进化关系的分析提供了一种全面的、高通量的分析手段。

1996年伊利诺伊大学完成了第一个产甲烷菌 *Methanococcus jannaschii* 的基因组测序。迄今为止已有4个目的5种产甲烷菌(表4.1)完成基因组测序。嗜热自养甲烷杆菌、嗜树木甲烷短杆菌、伏氏甲烷球菌、热无机营养甲烷球菌、嗜盐甲烷球菌以及巴氏甲烷八叠球菌的基因组分别为:1,$(0\pm0.2)\times10^9$ Da,$(1.8\pm0.3)\times10^9$ Da,$(1.8\pm0.3)\times10^9$ Da,$(1.1\pm0.2)\times10^9$ Da,2.6×10^9 Da 和 $(1.1\pm0.2)\times10^9$ Da,这些数值在典型原核生物基因组的范围之内。产甲烷菌基因组 DNA 具有原核生物的性质。

表4.1 产甲烷菌基因组特征

目	种	基因组/bp	(G+C)摩尔分数/%	Gen bank 组号
Methanobacteriales	*Methanothermobacter thermautotrophicus*	1 757 377	49.5	NC-000916
Methanococcalea	*Methanococcus jannaschii*	1 739 933	31.3	NC-000909 NC-001732
Methanopyrales	*Methanopyrus kandleri AV19*	1 694 969	62.1	NC-003551
Methanosarcinales	*Methanosarcina acetivorans C2A*	5 751 492	42.7	NC-003552
	Methanosarcina mazei Goe1	4 096 345	41.5	NC-003901

从已获得的数据来看,产甲烷菌基因组的大小为 $1.5\times10^6 \sim 6\times10^6$ bp。一般来说,产甲烷菌基因组由一个环状染色体组成,但也有一些产甲烷菌除了含一个环状染色体外,还含有染色体外元件(extrachromosomal element,ECE)。比如 *Methanococcus jannaschii* 不仅含有1个 1 664 976 bp 的环状染色体,还含有1个 58 407 bp 的大 ECE 和 1 个 16 550 bp 的小 ECE。产甲烷菌的(G+C)摩尔分数在 30% ~65% 之间,这种变化与其所生存的环境相关。比如嗜

热的 *Methanopyrus kandleri AV*19 的(G+C)摩尔分数高达 62.1%。

编码蛋白的 ORF 与一个物种的复杂度相关联,产甲烷菌的 ORF 在 1 500 ~ 5 000 之间。

4.1.1　DNA 复制子

依据变性和复性动力学知识,有人预言,产甲烷菌核 DNA 具原核生物 DNA 的复杂性,同时包含大量独特序列,而且它比大肠杆菌(*Escherichia coli*)的基因组小。这个预言的准确性因后来沃氏甲烷球菌(*Methanococcus voltae*)基因组物理图谱的发表而得到证实,这个基因组是单个、环状、双链 DNA 分子,约为 1.9 Mbp 长,为大肠杆菌基因组大小的 45%。Southern 杂交实验为沃氏甲烷球菌基因组几乎所有基因定了位。与细菌一样,一些具相关功能的基因是群聚的,而同一生化途径的基因并非连锁。一些含有许多可移动插入序列的嗜盐古细菌的基因已定位,与之相反,沃氏甲烷球菌基因图谱却没有给出时常发生重复序列的证据。除核 DNA 外,一些产甲烷细菌也具有质粒 DNA,然而,迄今为止,还未发现与这些质粒 DNA 存在相关联的表现型。从嗜热自养甲烷杆菌(*Methanobaterium thermoautotrophicum*)Marburg 菌株中分离到一个质粒 pME2001,其全长 4 439 bp 的 DNA 序列已经获得,从序列中可发现有几个开放可读框(open reading,ORF)和一个在体内高水平转录的序列。然而,嗜热自养甲烷杆菌 *Marburg* 细胞在缺少 pME2001 时仍能存活。

4.1.2　(G+C)摩尔分数

产甲烷菌 DNA 的(G+C)摩尔分数见表4.1。在甲烷杆菌目中,DNA 的(G+C)摩尔分数一般与生长温度有相关性。嗜热自养甲烷杆菌、沃氏甲烷杆菌(*Methanobacterium wolfei*)和热聚甲烷杆菌(*Methanobacteriun thermoaggregans*)这几种嗜热甲烷杆菌 DNA 的(G+C)摩尔分数均较高。但是,最高生长温度为 97 ℃(最适生长温度为 83 ℃)的炽热甲烷嗜热菌(*Methanothermus fervidus*),其 DNA 的(G+C)摩尔分数只有 33%,比最适生长温度为 37 ~ 45 ℃的中温甲烷杆菌还要低。甲烷球菌目中,即使最高生长温度为 70 ℃和 86 ℃的热自氧甲烷球菌(*Methanococcusthermothotrophicus*)和詹氏甲烷菌(*Methanococcus jannaschii*),其 DNA 的(G+C)摩尔分数也和有些中温菌差不多,甚至低于三角洲甲烷球菌。而甲烷微菌目成员的(G+C)摩尔分数一般均较高,尤其是甲烷微菌科的 3 个属。(G+C)摩尔分数与生长温度之间无规律可循。甲烷丝菌虽为中温菌,其 DNA 的(G+C)摩尔分数却很高,联合甲烷丝菌的(G+C)摩尔分数高达 61.25%,居迄今所知产甲烷菌之首。

4.1.3　染色质

所有细胞都面临着如何在有限的有效核空间内压缩其基因组 DNA 的难题。在真核细胞中,基因组 DNA 被组蛋白压缩成规则的核小体,进而组装(串联重复排列)成染色质。在细菌中也已经发现了丰富的、保守的 DNA 联结蛋白,然而在细菌细胞内,还未找到类似于真核生物核小体的保守复合物存在的有力证据,这似乎是真核生物与细菌的主要不同之处。因此,了解古细菌核 DNA 在体内是如何包装的就显得重要了。随着高温古细菌(其中包括产甲烷菌)的发现就提出了一个相关的问题,这类微生物正常生长的温度很高,如在离体情况下,其基因组 DNA 就会因经受不起这样的高温而被变性成单链分子。因而在体内必然存在某种机制,使其 DNA 不但能被压缩在有限的空间内,而且能免受热变性的影响。

从炽热甲烷嗜热菌和嗜热自养甲烷杆菌 AH 株中分别分离到的 DNA 联结蛋白 HMf 和 HMt 在这两方面可能起到了重要作用,这些蛋白包含两个非常小的(7 kd)、类似的多肽亚基(HMf$_1$+HMf$_2$ 和 HMt$_1$+HMt$_2$),其氨基酸序列与真核生物组蛋白十分相似。结合 DNA 分子的 HMf 和 HMt 在体外可形成核小体类似结构(Nucleosome—likestructure,NLS),推测这个 NLS 含有 150 bp 的 DNA,这与只有长度大于 120 bp 的 DNA 分子才能与 HMf 形成电泳稳定复合物的实验相一致。与真核生物核小体中负超螺旋 DNA 分子相比,古细菌 NLS 中的 DNA 分子被缠绕成一个正的环形超螺旋。NLS 的形成增加了 DNA 分子在体外的抗热变性的能力,但 NLS 在胞内的重要性尚不清楚。

Hensel 和 Konrig(1988)发现,最适生长温度为 83 ℃ 的炽热甲烷嗜热菌的胞质内含 1 mol/L钾-2′3′(环)-二磷酸甘油(K3cDPG),这种盐在此浓度下能增加炽热甲烷嗜热菌酶活性半衰期,同时也能保护其核 DNA 免受热变性的影响,事实上,在内部如此高盐浓度下,炽热甲烷嗜热菌 DNA 在复制和转录时两条链间的分离都相当困难。炽热甲烷嗜热菌基因组的一部分为 HMf 束缚而形成正的环形超螺旋,这可能会引起基因组余下部分的负同向双螺旋结构的增强,进而促进链的分离。由于胞内有足够的 HMf 把 25% 的基因组缠绕成正超螺旋,以及 HMf 在温度大于 80 ℃ 且存在 K3cDPG(与体内浓度一致)条件下确能结合 DNA,这也许是 HMf 的重要功能。

Bouthier de la Tour 等(1990)发现炽热甲烷嗜热菌及其他高温菌还具有反向旋转酶(reversegyrase),在离体反应中,这种酶能把正的同向双股螺旋引入环形 DNA 分子,并且在 DNA 分子抗热性方面也可能具有重要功能。炽热甲烷嗜热菌的反向旋转酶也能平衡 HMf 的结合效果,即是说,由于 HMf 的结合而引入基因组无 HMf 区域的同向双股螺旋可以被反向旋转酶的活性所减弱。然而,Musgrave 等(1992)指出,这种酶并非必不可少,因为嗜热自养甲烷杆菌细胞(生长温度为 65 ℃)虽然含有(在离体反应中形成 NLS 的)HMt——与炽热甲烷嗜热菌中形成 NLS 的 HMf 十分一致,但嗜热自养甲烷杆菌细胞中却没有反向旋转酶。

4.1.4　DNA 的修复、复制及其代谢

产甲烷菌经化学突变剂作用或在辐射下都会引起细胞死亡和存活细胞的突变作用,所以 DNA 修复系统很可能存在于产甲烷菌中,同时也发现在嗜热自养甲烷杆菌中存在光复活系统,不过关于 DNA 修复的分子机理尚未见报道。一种类似于大肠杆菌 dnaK 热休克基因的巴氏甲烷八叠球菌 S6 基因已被克隆和定序。尽管产甲烷菌是一类专性厌氧菌,必须生活在厌氧条件下,但它们确实含有超氧化物歧化酶(SOD),所以超氧自由基也必然会造成产甲烷菌的氧毒性问题。嗜热自养甲烷杆菌的 SOD 编码基因已被克隆和定序,根据其一级结构推测它可能是 Mn-SOD,事实上,原子吸收光谱已证实这种酶是 Fe-SOD。

Aphidicolin 和丁苯-dGTP 是真核生物,α-型 DNA 聚合酶的抑制剂。Zabel 等(1985)研究了阿非迪霉素(aphidicolin)对万尼氏甲烷球菌、塔提尼产甲烷菌(Methanogenium tationis)、黑海产甲烷菌(Methanogenium marsnigri)、甲酸甲烷杆菌(Methanobacterium formicicum)、沃氏甲烷杆菌(Methdnobacterium wolfei)、巴氏甲烷八叠球菌(Methanosarcina barkeri)MS 菌株和 Neples 菌株(球形)、亨氏甲烷螺菌(Methanospirillum hungatii)等甲烷菌生长的影响。结果发现,aphidicolin 在质量浓度≤20 μg/mL 时,能完全抑制万尼氏甲烷球菌、沃氏甲烷杆菌、塔提尼产甲烷菌、黑海产甲烷菌、巴氏甲烷八叠球菌 Neples 菌株等菌的生长,而真核生物 Sojamadarin 及甲酸甲烷杆菌、巴氏甲烷八叠球菌 MS 菌株则对 *aphidicolin* 不那么敏感。在无细胞的甲烷菌粗提液和真核生物 *Physayum Polycephalum* 粗提液中，*aphidicolin* 的存在使 DNA 合成系统被抑制，而大肠杆菌抽提液对此不敏感。他们还证明了万尼氏甲烷球菌的生长、其粗提液 DNA 的合成以及 DNA 聚合酶均为上述两种抑制剂所抑制，这表明，万尼氏甲烷球菌 DNA 聚合酶是真核 α-型的。从而得出了产甲烷细菌存在真核 α-型 DNA 聚合酶的证据，这暗示，产甲烷细菌和真核生物复制可能有共同之处。

几种限制酶已从产甲烷菌中分离出来，其中一些酶已成为商品。Lunnen 等(1989)对沃氏甲烷杆菌中编码 MwoI 限制性核酸内切酶的基因克隆，通过对甲基化活性的选择鉴定含核酸内切酶基因的克隆，用含质粒 pklMwolRM3-1 的大肠杆菌培养，并用溶菌产物提纯这种核酸内切酶，MwoI 的收率达到 1 000 单位/克细胞。此酶在大肠杆菌中的高水平表达，促进了这种酶的商品化。从嗜热自养甲烷杆菌和万尼氏甲烷球菌中还分离到了依赖 DNA 的 DNA 聚合酶。

4.2 产甲烷菌的基因结构

目前产甲烷菌的基因都是从大肠杆菌中制备的基因库中分离出来的。此外，还克隆了一些功能未加的基因，以 ORF(开译读码组)表示。

4.2.1 遗传密码及其利用

产甲烷菌基因在大肠杆菌、鼠伤寒沙门氏菌和枯草杆菌中表达，以及这些基因编码的多少与预期产物大小一样有力地证明生物遗传密码的通用性。

在大肠杆菌和啤酒酵母中，密码子利用不是随机的，选用同义密码子与同氨基酸受体 tRNA 的可利用性直接有关。表 4.2 是 4 种产甲烷菌、大肠杆菌和啤酒酵母利用密码子的比较。嗜热自养甲烷杆菌基因组(G+C)摩尔分数(49.7%)与大肠杆菌(51%)差不多。

史氏甲烷短杆菌、伏氏甲烷球菌和万尼氏甲烷球菌基因组(G+C)摩尔分数(31%)与啤酒酵母(36%)相近。产甲烷菌对密码子的选择好像受 A-T 和 G-C 对的可利用性，即受 (G+C)摩尔分数高低支配的。(G+C)摩尔分数低的史氏甲烷短杆菌、伏氏甲烷球菌和万尼氏甲烷球菌喜欢用第 3 位置上为 A 或 U 的密码子，如 AAA(赖氨酸)，AAU(天冬酰胺)等。而基因组中(G+C)摩尔分数较高的热自养甲烷杆菌则喜欢用第 3 个碱基为 G 或 C 的密码子，如 AAG(赖氨酸)，AAC(天冬酰胺)等。产甲烷菌还常常爱用大肠杆菌几乎从不利用的一些密码子，如 AUA(异亮氨酸)，AGA 和 AGG(精氨酸)等。

表 4.2　4 种产甲烷菌、大肠杆菌和啤酒酵母对部分密码子利用的比较

残基	密码子	大肠杆菌		啤酒酵母		史氏甲烷短杆菌		嗜热自养甲烷杆菌		伏氏甲烷球菌	
		数目	同义利用%	数目	同义利用%	数目	同义利用%	数目	同义利用%	数目	同义利用%
Arg	AGA	3	<1	113	88	36	68	10	32	10	62
	AGG	3		4	3	4	7	15	48	2	13
	CGA	14	3	—	0	2	4	—	0	1	6
	CGC	156	33	1	<1	3	6	1	3	—	0
	CGG	17	4	—	0	—	0	3	10	—	0
	CGU	280	59	10	8	8	15	2	7	3	19
Asn	AAC	210	75	105	85	29	25	16	84	6	13
	AAU	69	25	18	15	89	75	3	16	40	87
Lys	AAA	331	73	62	25	152	94	8	28	47	87
	AAG	123	27	185	75	10	6	21	72	7	13
Thr	ACA	25	6	14	7	40	43	3	20	11	50
	ACC	205	54	76	41	16	17	7	47	3	14
	ACG	44	11	2	1	31	3	2	13	1	4
	ACU	105	28	95	51	33	37	3	20	7	32

4.2.2　操纵子和核糖体结合位点

已克隆的产甲烷菌 DNA 序列分析表明有操纵子结构,而且每个基因前也有一段转录时用来结合核糖体的序列。如编码甲基辅酶 M 还原酶 r 与 a 这两个亚基的基因紧靠在一起,共转录形成多顺反子信使。在 a 基因前还有一个 GAAGTGA 核糖体结合序列。由此推测,产甲烷菌是按与真细菌类似的方式利用 mRNA 与 16S rRNA 杂交起始转录的。

4.2.3　rRNA 基因

产甲烷菌核糖体是 70S 核糖体,它们含 23S,5S 和 16S 3 类 rRNA。嗜热自养甲烷杆菌的 rRNA 基因为真细菌型。每个基因组有 2 个按 16S-23S-5S 顺序排列的操纵子。甲酸甲烷杆菌的基因组中也有 2 个 rRNA 操纵子。16S rRNA 基因长 1 476 bp。在 16S 与 23S rRNA 基因的间隔区内有一个 tRNA Ala 基因。万尼氏甲烷球菌的 rRNA 基因为镶嵌型,每个基因组中有 4 个 1GS-23S-5S 的真细菌型操纵子,还有真核生物中那样单个不连锁的额外 5S rRNA 基因。16S,23S 和 5S rRNA 基因分别长 1 466 bp,2 953 bp 和 120 bp。连锁与不连锁的 5S rRNA 基因有 13 bp 取代的差异。

4.2.4　tRNA 基因

像真细菌一样,甲酸甲烷杆菌和万尼氏甲烷球菌的 16S rRNA 与 23S rRNA 基因间有一个 tRNA^{Ala} 基因。已知多数真细菌的 tRNA 基因编码 3′ 端 CCA 序列,而真核 tRNA 基因都不编码此序列。上述两种产甲烷菌的 tRNA^{Ala} 基因都不编码 3′ 端 CCA 序列。但万尼氏甲烷球菌 tRNA^{Pro},tRNA^{Asn} 和 tRNA His 具有 3′ 端 CCA 序列。甲酸甲烷杆菌和万尼氏甲烷球菌在 16S rRNA 与 23S rRNA 基因的间隔区内有一个 tRNA^{Ala}。基因。推测的 tRNA^{Ala} 结构如图 4.1 所示。

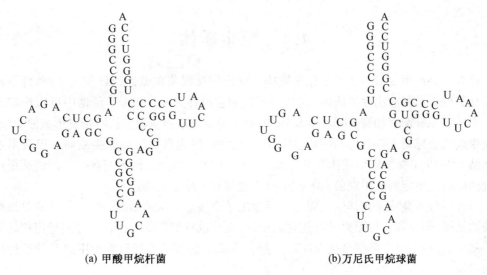

(a) 甲酸甲烷杆菌　　　　　　　　　　　(b) 万尼氏甲烷球菌

图 4.1　根据 16S rRNA ~ 23S rRNA 基因间隔区 DNA 序列推测的 tRNA[Ala] 的结构

4.3　突变型

与其他微生物一样,研究产甲烷菌遗传,也必须具备合适的遗传标记(gentic marker)。目前,遗传标记菌株的分离集中在甲酸甲烷杆菌、热自养甲烷杆菌 *Marburg* 菌株、甲烷杆菌 *FR-2* 菌株、甲烷短杆菌 *HX* 菌株、伏氏甲烷球菌、万尼氏甲烷杆菌、巴氏甲烷八叠球菌 227 和马氏甲烷八叠球菌 *S-6* 中进行。

4.3.1　抗药性突变型

目前从产甲烷菌中分离出的对抗菌素和结构类似物有抗性的突变型大多为自发突变型,它们都是在含有这些药物的培养基中选得的。这些突变型是巴氏甲烷八叠球菌的抗溴乙烷磺酸和抗一氟代乙酸突变型。万尼氏甲烷球菌的抗溴乙烷磺酸和抗氯霉素突变型,伏氏甲烷球菌的抗 5 -甲基色氨酸突变型,甲酸甲烷杆菌的抗茴香霉素突变型,甲烷杆菌 *FR-2* 菌株的抗杆菌肽突变型和甲烷短杆菌 *HX* 菌株的抗克林达霉素突变型。还从伏氏甲烷球菌中分离出抗 5 -甲基色氨酸和溴乙烷磺酸的双重突变型。

除了上述一些自发的抗性又变型外,还用亚硝基诱变得到了热自养甲烷杆菌 *Marburg* 菌株的抗溴乙烷磺酸、DL -乙硫氨酸和假单胞菌酸 A 诱突变型。

4.3.2　营养缺陷型

用 r 射线作诱变剂从伏氏甲烷球菌中得到了需要组氨酸和腺嘌呤的营养缺陷型。从亚硝基胍处理过的热自养甲烷杆菌 *Marburg* 菌株的群体中分离出需要 L -亮氨酰、L -苯丙氨酸、L -色氨酸、硫氨酸和腺苷的营养缺陷型。

4.4 原生质体

已在几种产甲烷菌中获得了原生质体。亨氏甲烷螺菌在碱性(pH 值为 9)条件下经二硫苏糖醇处理后释放出原生质体,这样形成的原生质体在 0.5 mol/L 蔗糖中可以稳定几小时。布氏甲烷杆菌在加有 20 mmol/L MgCl$_2$ 的一种合成培养基中生长时自发形成原生质体。巴氏甲烷八叠球菌 *FR*-1 和 *FR*-19 菌株在基质耗尽时也自发形成原生质体。巴氏甲烷八叠球菌 *FR*-19 菌株的原生质体在 0.3 mol/L 蔗糖中是稳定的,但不能再生。用链霉蛋白酶处理两株尚未鉴定的产甲烷菌 GÖ 1 和 AJ 2 也得到了原生质体。

马氏甲烷八叠球菌在其生活周史中释放出单个接近球状的细胞。*S*-6 菌株的单细胞虽然渗透敏感,但糖和二价阳离子可使它们稳定,而且没有细胞壁。在含有渗透稳定剂的生长培养基中,它们的再生频率可达 100%。这样,形成聚集体的乙酸营养产甲烷菌的遗传研究成为可能。

4.5 基因工程

利用分子克隆技术已使产甲烷菌基因在大肠杆菌、枯草杆菌和鼠伤寒沙门氏菌,甚至啤酒酵母中克隆,有的基因还得到了表达。这表明,专性厌氧产甲烷菌的 DNA 可以在需氧生长的大肠杆菌等真细菌中指导合成功能产物。看来,将产甲烷能力从基质利用范围很窄和生长缓慢的产甲烷菌转移到基质利用范围广和生长快的发酵真细菌中去是有希望的。

4.5.1 DNA 分离

目前用以获取产甲烷菌 DNA 的破壁方法主要有 SDS 法、冷冻冲击法和挤压器破壁法。SDS 用于溶破壁较脆的产甲烷菌。对于壁较为坚韧的产甲烷菌需用冷冻冲击或挤压器破壁,一般用 French 挤压器。DNA 分离与真细菌相同。

4.5.2 DNA 切割和重组

虽然已在埃奥利斯甲烷球菌中检出限制酶 Mae I, Mae II 和 Mae III,但目前用的还都是真细菌的限制酶,较常用的有 Hind III,Pst I 和 Eco RI。有些产甲烷菌难以被一些限制酶消化,如亨氏甲烷螺菌和奥伦泰杰产甲烷菌 DNA 难以用 Hind III 和 Alu I 来消化。目前应用的 DNA 连接酶为 T$_4$ DNA 连接酶。

4.5.3 基因载体

表 4.3 是一些从产甲烷菌中分离出的质粒。pMP1 与染色体 DNA 一起存在于离心后的黏性沉淀中。pME 2001 和 pUBR 500 都存在于透明溶解产物的上清液中。它们都是功能未知的隐秘小质粒。虽然编码产甲烷菌代谢过程的基因有些可能位于质粒上,但在大多数菌株中检不出质粒,这一现象表明,产甲烷代谢的共同特征不是由质粒所决定的。

pET 2411 是由 pME X001 与 pBR 322 组建成的可穿梭载体。它不仅在大肠杆菌中编码多肽,而且在有大肠杆菌 DNA 聚合酶 I 存在的情况下利用 pBR 322 的复制起点复制。从来自瘤胃的甲烷短杆菌 G 菌株中分离出一种烈性噬菌体。这是迄今所知唯一的产甲烷菌噬菌体。虽然已从产甲烷菌中分离出质粒和噬菌体,但目前用的基因载体还是真细菌质粒和噬菌体。质粒有:pBR 322,pEX 31,pEX 150,pNPT 20,pUR 2,pUC 8,pACYC 184,pHE 3 和 pUB 100 等。噬菌体有:λ L 47.1,λ charon 30,λ 467,M13 mp 8 和 M13 mp 9 等。

表4.3 产甲烷菌质粒

产甲烷菌	质粒名称	分子量
球状菌 PL-12/(mol·L^{-1})	pMP 1	7.0
嗜热自养甲烷杆菌 *Marburg*	pME 2001	4.5
甲烷球菌 CS	pUBR 500	8.7

4.5.4 产甲烷菌 DNA 的克隆与表达

用含 hisA,arg G,pro C 和 pur E 基因的产甲烷菌 DNA 去转化大肠杆菌等真细菌的含养缺陷菌株,由于产甲烷菌 DNA 中有大肠杆菌样的启动子序列和核糖体结合序列,结果就在大肠杆菌等真细菌中转录和转译,导致合成治愈宿主细胞营养缺陷的新蛋白质,从而产生对营养缺陷的互补作用。

值得一提的是,万尼氏甲烷球菌中也有真核生物中存在的能自主复制的序列(ARS)。含万尼氏甲烷球菌 ARS 的重组质粒不仅对酵母细胞有低的转化率,还能促使酵母转化体缓慢地生长。

4.6 问题与展望

遗传操纵为改造微生物提供了最大的机会,产甲烷菌当然也不例外。但产甲烷菌特有的一些性质给遗传研究带来了很大的困难。生理屏障可以通过改进厌氧技术,选用生长最快的菌株和进一步了解产甲烷菌而得到克服,但研究周期总要比真细菌长。丝状和聚集体状态会推迟纯的无性繁殖系的分离,如果产甲烷菌有多基因组,情况会更加复杂。连续的选择压力会导致显性和隐性抗性标记基因的分离。但分离营养缺陷型时,诱变后使基因得以表达的时间很关键,此外,还需要有高效率的富集方法。产甲烷菌的古细菌性质迫使我们努力寻找专以产甲烷菌为靶子的抑制剂和降解产甲烷菌细胞壁的酶或试剂。

在产甲烷菌中得到选择性标记使得我们有可能研究自然和人工的基因互换,但目前只能用完整的细胞和同源线性染色体 DNA 寻找人工的基因交换。利用抗性突变型作为标记菌株可以研究启动、稳态运转期间或消化器发生故障后"接种"消化器群体的可行性。利用有效的诱变处理与选择技术可以分离出在消化器中表现优良性状的菌株。

有了基因转移系统,必须鉴定和分离要操纵的"靶"基因,但要用合适的条件致死突变型作为受体。巴氏甲烷八叠球菌释放活的单细胞使形成聚集体的乙酸营养产甲烷菌的遗传研究成为可能。如果产甲烷菌获得了遗传标记,那么通过原生质体的转化与融合来促进遗传交换与重组就有了可能。

总之,产甲烷菌有其特殊的复杂问题,例如,专性厌氧菌和古细菌的属性、独特的生化途径以及它在厌氧消化时的生境,所以,有关遗传育种的策略必须考虑到这些问题,尤其是产甲烷菌的工业生境,即在原料组分和负荷率时刻变动的条件下的连续混合培养发酵。

第5章 厌氧反应器中的产甲烷菌

5.1 常见厌氧反应工艺

5.1.1 分类标准

5.1.1.1 按发展年代分

一般来说,把20世纪50年代以前开发的厌氧消化工艺称为第一代厌氧反应器;60年代至80年代中期开发的厌氧消化工艺称为第二代厌氧反应器(主要的第一代和第二代厌氧处理工艺见表5.1);80年代后期以后开发的厌氧消化工艺称为第三代厌氧反应器。

表5.1 主要的第一代和第二代厌氧处理工艺

	厌氧处理工艺	水力停留时间(HRT)	处理对象	负荷率/(m³·d⁻¹)	开发时间	应用情况	运行温度
第一代反应器	化粪池	半年~1年(污泥)	生活污水和污泥		1895	生产	常温
	隐化池	46~80 d(污泥)	生活污水和污泥	0.5kg VSS	1906	生产	常温
	普通消化池	20~30 d	污泥	1.0~1.5 kg VSS	1920	生产	中温、高温
	高速消化池	7~10 d	污泥	3.0~3.5 kg VSS	1950	生产	中温、高温
	厌氧接触法	0.5~6 d	有机废水	1.8~4.0 kg COD	1955	生产	中温
第二代反应器	厌氧生物滤池	0.9~8 d	有机废水	3~10 kg COD	1967	生产性	中温
	升流式厌氧反应器	6~20 h	有机废水	6~15 kg COD	1974	生产性	中温
	厌氧膨胀床	6~24 h	有机废水	4.0 kg COD	1978	实验小试	常温
	厌氧流化床	0.5~4 h	有机废水	9~13 kg COD	1979	实验小试	常温
	厌氧生物转盘	8~18 h	有机废水	8~33 kg COD	1980	实验小试	常温
	厌氧折流板反应器	6~26 h	有机废水	8~36 kg COD	1982	实验小试	常温

第一代厌氧反应器,化粪池和隐化池(双层沉淀池)主要用于处理生活废水下沉的污泥,传统消化池与高速消化池用于处理城市污水处理厂初沉池和二沉池排出的污泥。第一代厌氧反应器,如传统厌氧消化池和高速厌氧消化池的特点是污泥龄(SRT)等于水力停留

时间(HRT)。为了使污泥中的有机物达到厌氧消化稳定,必须维持较长的污泥龄,较长的水力停留时间,反应器的容积很大,反应器处理效能较低。

第二代厌氧反应器主要用于处理各种工业排出的有机废水。第二代厌氧反应器的特点是污泥龄(SRT)与水力停留时间(HRT)分离,两者不相等。维持很长的污泥龄,但水力停留时间很短,即 SRT>HRT,可以在反应器内维持很高的生物量,所以反应器有很高的处理效能。

厌氧接触法虽然是开发在 20 世纪 50 年代中期,但是由于采用了污泥回流,可以做到使 SRT>HRT,所以它已具有第二代厌氧反应器的特征。

第三代厌氧反应器主要指内循环反应器(IC 反应器)和膨胀颗粒污泥床反应器(EGSB反应器)。

5.1.1.2　按厌氧微生物在反应器内的生长情况不同分类

厌氧反应器可以分成悬浮生长厌氧反应器和附着生长厌氧反应器。如传统消化池、高速消化池、厌氧接触法和升流式厌氧污泥层反应器等,厌氧活性污泥以絮体或颗粒状悬浮于反应器液体中生长,称为悬浮生长厌氧反应器;而厌氧滤池、厌氧膨胀床、厌氧流化床和厌氧生物转盘等,因为微生物附着于固定载体或流动载体上生长,称为附着膜生长厌氧反应器。

把悬浮生长与附着生长结合在一起的厌氧反应器称为复合厌氧反应器,如 URF 反应器,其下面是升流式污泥床,而上面是充填填料厌氧滤池,两者结合在一起,故称为升流式污泥床-过滤反应器(UBF 反应器)。

5.1.1.3　按厌氧反应器的流态分类

厌氧反应器可分为活塞流型厌氧反应器和完全混合型厌氧反应器,或介于活塞流和完全混合两者之间的厌氧反应器。如化粪池、升流式厌氧滤池和活塞流式消化池接近于活塞流型。而带搅拌的普通消化池和高速消化池是典型的完全混合反应器。而升流式厌氧污泥层反应器、厌氧折流板反应器和厌氧生物转盘等是介于完全混合与活塞流之间的厌氧反应器。

5.1.1.4　按厌氧消化阶段分类

厌氧反应器可分为单相厌氧反应器和两相厌氧反应器。单相反应器是把产酸阶段与产甲烷阶段结合在一个反应器中;而两相厌氧反应器则是把产酸阶段和产甲烷阶段分别在两个互相串联反应器进行。由于产酸阶段的产酸菌反应速率快,而产甲烷阶段的反应速率慢,两者的分离可充分发挥产酸阶段微生物的作用,从而提高了系统整体反应速率。

5.1.2　常见的厌氧反应器

5.1.2.1　完全混合式反应器(CSTR 反应器)

1927 年第一个单独加热的用于市政污泥处理的厌氧消化罐在德国 Essen-Rellinghausen 建成,它是一个完全混合反应器,是基本的厌氧处理系统的代表。绝大多数城市污水处理厂利用产生的甲烷气来加热消化罐,从而达到一个最佳中温菌生长温度,约 35 ℃。因为利用产生的甲烷燃烧得到热能,经济便利,操作过程稳定。目前完全混合反应器的停留时间一般是 15~25 d,远远高于在该温度下严格利用醋酸盐产甲烷菌的 $[\theta_x^{min}]_{lim}$(为 4 d)。因此,可以通过将安全系数设为 $\theta/[\theta_x^{min}]_{lim}$ 的 4~6 倍来避免有用微生物的流失。

早期的反应器设计没有搅拌,这会导致两个问题:第一,新鲜污泥和发酵微生物不能有效接触;第二,密度大的固体,如沙石,会在反应器内沉积,减少反应器的容积。为了解决这些问题,没有混合的反应器通常间歇操作,运行时间为反应器容积与进入反应器的污泥流量之比,约为 60 d 或更长。

CSTR 反应器是一个带有搅拌的槽罐,废水进入其中,在搅拌作用下与厌氧污泥充分混合,处理后的水与厌氧污泥的混合液从上部流出。CSTR 体积大,负荷低,其根本原因是它的污泥停留时间等于水力停留时间,即 SRT=HRT。由于 SRT 很低,它不能在反应器中积累起足够浓度的污泥。因此传统上仅用于城市污水污泥、好氧处理剩余污泥以及粪肥的厌氧消化。

厌氧 CSTR 反应器的一个缺点是只有处理相当高浓度的废水,如类似城市污水处理厂污泥,可降解 COD 达 8 000 ~ 50 000 mg/L 时,才能使体积负荷较高。然而,许多废水的浓度都比较低。如果处理这样的低浓度废水,使用 CSTR,停留时间 15 ~ 20 d,则单位体积 COD 负荷会变得非常低,这样就会减弱或抵消厌氧处理节省费用的优势。经济有效地处理这种废水的关键是将反应器的水力停留时间与污泥停留时间分离($\theta_x/\theta>1$),就像好氧活性污泥系统和生物膜系统那样。

5.1.2.2　厌氧接触工艺

20 世纪 50 年代中期,在 CSTR 基础上发展起来了厌氧接触工艺,该工艺参照了好氧活性污泥的工艺流程,即在一个厌氧的完全混合反应器后增加了污泥分离和回流装置,从而使 SRT 大于 HRT,有效地增加了反应器中的污泥浓度。厌氧接触工艺与传统的 CSTR 反应器相比负荷明显提高,HRT 减少,从而可以有效地用于工业废水的处理。

1955 年 Schroepfer 等人首次提出了类似好氧活性污泥系统的厌氧接触工艺,其目的是处理浓度较低(COD 约为 1 300 mg/L)的食品加工厂废水。通过回流二沉池污泥,可将 θ_x 与 θ 分开,反应器水力停留时间为 0.5 d,远小于醋酸盐分解产甲烷菌长达 4 d 的 $[\theta_x^{min}]_{lim}$。研究表明,当 BOD 去除负荷达到 2 ~ 2.5 kg/($m^3 \cdot d$)时,BOD 去除率可达 91% ~ 95%。

厌氧接触工艺有以下几个优点:

(1)由于设置了专门的污泥截流设施,能够回流污泥,使得厌氧接触工艺具有较长的固体停留时间。保持消化池内有足够的厌氧活性污泥,提高了厌氧消化池的容积负荷,不仅缩短了水力停留时间,也使占地面积减少。

(2)易于启动,对高负荷的冲击有较大的承受能力,运行稳定,管理比较方便。

(3)厌氧接触工艺适用于处理悬浮物浓度较高的高浓度有机废水。这是由于微生物可附着在悬浮颗粒上,使微生物与废水的接触表面积很大,并能在沉淀分离装置中很好地沉淀。

(4)由于沉淀分离装置本身设计和运行中存在问题,容易造成污泥流失。

5.1.2.3　厌氧滤池(AF 反应器)

厌氧滤池是 20 世纪 60 年代末由美国 McCarty 等确立的第一个高速厌氧反应器。传统的好氧生物系统一般容积负荷在 2 kg COD/($m^3 \cdot d$)以下,而在 AF 发明之前的厌氧反应器一般容积负荷也在 4 ~ 5 kg COD/($m^3 \cdot d$)以下。但 AF 在处理溶解性废水时负荷可高达 10 ~ 15 kg COD/($m^3 \cdot d$)。因此 AF 的发展大大提高了厌氧反应器的处理速率,使反应器容积大大减小。

AF 作为高速厌氧反应器地位的确立,还在于它采用了生物固定化的技术,使污泥在反应器内的停留时间(SRT)极大地延长。MoCarty 发现在保持同样处理效果时,SRT 的提高可以大大缩短废水的水力停留时间(HRT),从而减小反应器容积,或在相同反应器容积时增加处理的水量。这种采用生物固定化延长 SRT,并把 SRT 和 HRT 分别对待的思想推动了新一代高速厌氧反应器的发展。

SRT 的延长实质是维持了反应器内污泥的高浓度,在 AF 内,厌氧污泥的浓度可以达到 10 ~ 20 g(VSS)/L。AF 内厌氧污泥的保留有两种方式:一是细菌在 AF 内固定的填料表面(也包括反应器内壁)形成生物膜;二是在填料之间细菌形成聚集体。高浓度厌氧污泥在反应器内的积累是 AF 具有高速反应性能的生物学基础,在一定的污泥比产甲烷活性下,厌氧反应器的负荷与污泥浓度成正比。同时,AF 内形成的厌氧污泥比厌氧接触工艺的污泥密度大、沉淀性能好,因而其出水中的剩余污泥不存在分离困难的问题。由于 AF 内可自行保留高浓度的污泥,也不需要污泥的回流。

在 AF 内,由于填料是固定的,废水进入反应器内,逐渐被细菌水解酸化,转化为乙酸和甲烷,废水组成在不同反应器高度逐渐变化。因此微生物种群的分布也呈现规律性。在底部(进水处),发酵菌和产酸菌占有最大的比重;随反应器高度上升,产乙酸菌和产甲烷菌逐渐增多并占主导地位。细菌的种类与废水的成分有关,在已酸化的废水中,发酵与产酸菌不会有太大的浓度。

细菌在反应器内分布的另一特征是在反应器进水处(例如上流式 AF 的底部),细菌由于得到营养最多因而污泥浓度最高,污泥的浓度随高度迅速变小。

填料的选择对 AF 的运行有重要影响。具体的影响因素可能包括填料的材质、粒度、表面状况、比表面积和孔隙率等。

各种各样的材料可以作为 AF 的填料,已经报道过的填料是五花八门的,例如卵石、碎石、砖块、陶瓷,塑料、玻璃、炉渣、贝壳、珊瑚、海绵、网状泡沫塑料等。细菌可以在各类材料上成膜生长,材质对 AF 的影响尚未得到证实。

对于块状的填料,选择适当的填料粒径是重要的,据报道,与人们最初的估计相反,填料的比表面积对 AF 的行为并无太大影响。Van den Berg 等研究了多种填料(表 5.2),结果表明,AF 的效果与填料的比表面积没有太大的关系。

表 5.2　不同条件下厌氧滤池的处理效果

废水类型	填料		废水 COD 含量/(g·L⁻¹)	HRT /d	/COD 负荷 /[kg·(m³·d)⁻¹]	COD 去除率/%
	种类	比表面积/m²				
豆类漂白废水	聚氯乙烯	174	10	0.95	9.5	93
			10	0.59	16.9	93
	陶器黏土	141	10	1.0	10	87
			10	0.54	15.5	88
	排水瓦管黏土	149	10	0.9	11.1	92
			10	0.88	26.3	91
	穿孔的聚酯	86	10	1.5	6.7	90
			10	0.75	13.3	90
化工废水	陶器黏土	142	14	0.8	17.5	81
经热处理的消化污泥液体	陶器黏土	149	10.5	0.36	29.3	70

　　填料表面的粗糙度和表面孔隙率会影响细菌增殖的速率。粗糙多孔的表面有助于生物膜的形成。用多种材料作填料,发现排水瓦管黏土作为填料时反应器启动最快,运行也更稳定。厌氧滤池对高浓度酸性有机废水的处理效果见表5.3,中试和生产规模的 AF 反应器运行情况见表5.4。

表5.3　完全混合式 AF 处理高浓度酸性有机废水的试验结果

进水 COD /(mg · L^{-1})	HRT /d	回流比	容积负荷 /[kg(COD) · (m^3 · d)$^{-1}$]	COD 去除率 /%
3 200	74	1 : 35	0.44	97
3 200	17.5	1 : 87	1.83	96
3 200	7.5	1 : 4.4	4.26	94

表5.4　中试和生产规模的 AF 反应器运行情况

废水类型	废水浓度 /[g(COD) · L^{-1}]	VLR /[kg(COD) · (m^3 · d)$^{-1}$]	HRT /d	温度 /℃	COD 去除率 /%	反应器体积/m^3
化工废水	16.0	16.0	1.0	35	65	1 300
化工废水	9.14	7.52	1.2	37	60.3	1 300
小麦淀粉	5.9 ~ 13.1	3.8	0.9	中温	65	380
土豆加工	7.6	11.6	0.68	36	60	205
酒糟废水	16.5	6.1	13.0	40	60	27.0
豆制品废水	24.0	3.3	7.3	中温	72	1.0
牛奶厂废水	2.5	4.9	0.5	28	82	9.0
屠宰废水	16.5	6.1	13.0	40	60	27.0
黑液碱回收冷凝水	7.0 ~ 8.0	7.0 ~ 10.0	1.0	中温	65 ~ 80	5.0

5.1.2.4　上流式厌氧污泥床(UASB 反应器)

　　20 世纪70 年代以来,厌氧处理的最大突破是荷兰农业大学环境系 Lettinga 等人研究出了上流式厌氧污泥床,简称 UASB 反应器。UASB 反应器与其他大多数厌氧生物处理装置的不同之处在于:废水由下向上流过反应器;污泥无需特殊的搅拌设备;反应器顶部有特殊的三相(固、液、气)分离器。与其他厌氧生物处理装置相比,其突出优点是处理能力大,处理效率好,运行性能稳定,构造比较简单。因此在70 年代开发的第二代厌氧处理工艺设备中 UASB 反应器是在处理悬浮物含量较少的高浓度有机废水方面应用最为广泛的一种。

　　图5.1 为试验用的 UASB 反应器的构造示意图。虽然具体的构造不同,但是所有的 UASB 反应器从下向上都可以划分为三个功能区,即底部的布水区、中部的反应区和顶部的分离出流区。

　　布水区位于反应区的底部,其主要功能是通过布水设备将待处理的废水均匀布入反应区,完成废水与厌氧活性污泥的充分接触。

　　反应区为 UASB 反应器的工作主体,其中装满高活性的厌氧生物污泥(下部为污泥床层,上部为悬浮污泥层),用以对废水中的可生化性有机污染物进行有效的吸附和降解。

　　UASB 反应器的反应区一般高1.5 ~ 4 m,其中充满高浓度和高生物活性的厌氧污泥混合液,这是它赖以高效工作的物质基础。

　　反应区内的厌氧微生物有三种存在形态:①游离的单个菌体;②聚集成微小絮体的菌

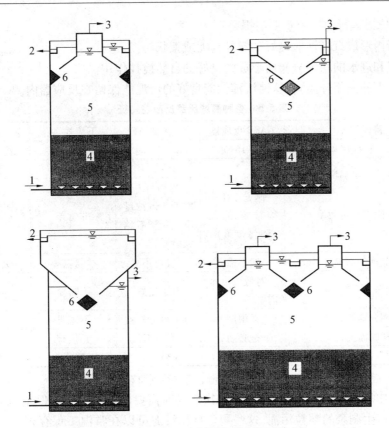

图 5.1 UASB 反应器的不同构造形式
1—进水;2—出水;3—沼气;4—污泥床;5—悬浮层;6—三相分离器

群;③聚集成较大颗粒的菌群。为便于区别,可将三种形态的厌氧微生物依次称为游离污泥、絮体污泥和颗粒污泥。三种污泥可统称为污泥粒子。

高效工作的 UASB 反应器内,反应区的污泥沿高程呈两种分布状态。下部约 1/3 ～ 1/2 的高度范围内,密集堆积着絮体污泥和颗粒污泥,污泥粒子虽呈一定的悬浮状态,但相互之间距离很近,几乎呈搭接之势。这个区域内的污泥固体浓度高达 40 ～ 80 g(VVS)/L 或 60 ～ 120 g(SS)/L,通常称为污泥床层,是对废水中的可生化性有机物进行生物处理(吸附和降解)的主要场所。被降解的有机物中,大约 70% ～ 90% 是在这个区域内完成的。污泥床层以上约占反应区总高度 2/3 ～ 1/2 的区域内,悬浮着粒径较小的絮体污泥和游离污泥,絮体之间保持着较大的距离。污泥固体的浓度较小,平均约为 5 ～ 25 g(VVS)/L 或 5 ～ 30 g(SS)/L。这个高度范围通常称为污泥悬浮层,是防止污泥粒子流失的缓冲层,其进行生物处理(吸附和降解)的作用并不明显,被降解的有机物中仅有 10% ～ 30% 是在此层中完成的。正常工作的 UASB 反应器内,在污泥床层和污泥悬浮层之间通常存在着一个浓度突变的分界面,称为污泥层分界面,污泥层分界面的存在及其高低和废水种类、出水及出气等条件有关。

分离出流区位于反应区的顶部。其主要功能是通过三相分离器完成气液分离和固液分离,截留和回收污泥固体,改善出水水质,同时将处理后的废水和产生的生物气(沼气)分别引出反应器。

UASB 反应器运行的三个重要前提是：

①反应器内形成沉降性能良好的颗粒污泥或絮状污泥。

②由产气和进水的均匀分布所形成的良好的自然搅拌作用。

③设计合理的三相分离器，这使沉淀性能良好的污泥能保留在反应器内。

表 5.5　各种高速厌氧反应器特征

特征		UASB 反应器	上流式 AF	下流式 AF	流化床
启动速度	初次启动	4~16 周	>3~4 周	>3~4 周	约 3~4 周
	二次启动	0~2 d	0~2 d	几天	不确定
悬浮物去除或稳定效率		满意（在中等或较低的 TSS 浓度下）	相当好（仅在低 TSS 浓度下，并当不堵塞时）	非常差	非常差
出水循环的需要		一般不需要	可要可不要	少量需要	大量需要
复杂布水系统		对低浓废水需要	有了更好	不需要	必须有
三相分离器		必须用	有了可能有益	不需要	有了有益
填料的需要		不是必须有	必须有	必须有	必须有
高度与截面比		相当高	略小	略小	很高

注：这里二次启动指反应器停止运行一段时间后重新运行并达到原有负荷

　　如表 5.5 中所看到的，厌氧反应器在初次启动时需要较长的时间。但是当 UASB 正常运行后它可以产生剩余的颗粒污泥，这些剩余颗粒污泥可以在常温下保存很长时间而不损失其活性，因此新建的 UASB 反应器可以使用现有 UASB 反应器的剩余污泥接种。

　　UASB 反应器处理工艺是目前研究较多、应用广泛的新型污水厌氧生物处理工艺，它具有其他厌氧处理工艺(厌氧流化床、厌氧滤池)难以比拟的优点，不仅可以实现污泥的颗粒化，使生物固体的停留时间可长达 100 d，而且使气、固、液的分离实现了一体化。该工艺具有很高的处理能力和处理效率，尤其适用于各种高浓度有机废水的处理。

　　目前，UASB 反应器已经应用于多种类型的废水处理，如农产品加工废水、饮料加工废水、食品加工废水、煤油加工废水、制糖废水、制酒废水、屠宰废水、造纸废水、生活污水等。国外已有近千座生产性规模的 UASB 反应器应用于不同废水的处理，国内也已有数百座投入生产性运行。目前，对低浓度废水的试验研究亦表明，UASB 反应器亦有良好的处理效果。UASB 在处理不同种类废水中的应用见表 5.6。

表 5.6　UASB 在处理不同种类废水中的应用

废水种类	容积负荷 /$[kg(COD) \cdot (m^3 \cdot d)^{-1}]$	HRT /h	温度 /℃	去除率 /%	反应器容积 /m^3
牛奶废水	7.5	6	—	88	400
土豆加工废水	3.0	21.2	35	85	2 200
纸板废水	6.6	2.5	30	75.6	1 000
甜菜制糖废水	20.7	5.6	35	82	1 800
香槟酒废水	15	6.8	30	94	—
造纸废水	4.4~5	5.5	28	75~83	2 200
制糖废水	22.5	6	30	94	—
酒糟废液	3.0	10 d	55	96.5	2×5 000

续表 5.6

废水种类	容积负荷 $[kg(COD)\cdot(m^3\cdot d)^{-1}]$	HRT /h	温度 /℃	去除率 /%	反应器容积 /m^3
啤酒废液	7～12	5～6	25	75～93	8×250
制药废水	13.1	24	40～45	90	1 320
柠檬酸废水	6～12.5	38～49	36～40	85～92	4×200

5.1.2.5　厌氧生物转盘

厌氧生物转盘是 Pretorius 等人于 1975 年在进行废水的反硝化脱氮处理时提出来的。1980 年 Tati 等人首先开展了应用厌氧生物转盘处理废水。

厌氧生物转盘在构造上类似于好氧生物转盘,即主要由盘片、传动轴与驱动装置、反应槽等部分组成。在结构上它利用一根水平轴装上一系列圆盘,若干圆盘为一组,称为一级。厌氧微生物附着在转盘表面,并在其上生长。附着在盘板表面的厌氧生物膜,代谢污水中的有机物,并保持较长的污泥停留时间。对于好氧生物转盘来说,已经较普遍应用在生活污水、工业污水,例如化纤、石油化工、印染、皮革、煤气站等污水处理,而厌氧生物转盘还大多数处于试验研究方面。

生物转盘中的厌氧微生物主要以生物膜的附着生长方式,适合于繁殖速度很慢的产甲烷菌的生长。由于厌氧微生物代谢有机物的条件是在无分子氧条件下进行的,所以在构造上有如下特点:

(1)由于厌氧生物转盘是在无氧条件下代谢有机物质,因此不考虑利用空气中的氧,圆盘在反应槽的废水中浸没深度一般都大于好氧生物转盘,通常采用 70%～100%,轴带动圆盘连续旋转,使各级内得到混合。

(2)为了在厌氧条件下工作,同时有助于使所产生的沼气进入集气空间并为了收集沼气,一般将转盘加盖密封,在转盘上形成气室,以利于沼气收集和输送。

(3)相邻的级用隔板分开,以防止废水短流,并通过板孔使污水从一级流到另一级。

5.1.2.6　厌氧附着膜膨胀床(AAFBE 反应器)

70 年代中期,美国的 Jewell 等人,把化工流态化技术引进废水生物处理工艺,开发出一种新型高效的厌氧生物反应器——厌氧附着膜膨胀床(AAFBE 反应器)。20 世纪 70 年代末,Bowker 在厌氧附着膜膨胀床的基础上采用较高的膨胀率研制成功了厌氧流化床(简记为 AFB)。AAFBE 和 AFB 的工作原理完全相同,操作方式也一样,只不过 AFB 的膨胀率更高(习惯上把生物颗粒膨胀率为 20% 左右的填料床称为膨胀床,当生物颗粒的膨胀率达 30% 以上时称为流化床)。

固体流态化是指固体颗粒依靠液体(或气体)的流动而像流体一样流动的现象。在含有固体颗粒和流体的垂直系统中,随着颗粒特性、容器的几何形状以及流体速度的不同,可以存在三种不同的颗粒与流体之间的相对运动。

(1)当流体以较低速度通过固体颗粒床层时,床层中的固体颗粒静止不动,此时它借助和反应器壁的接触及相互之间的接触支撑,形成所谓的固定床。

(2)当流体流速增大后,颗粒相互之间脱离接触,在浮力和摩擦力作用下处于悬浮状态,即进入"流态化"状态。

(3)当流体的流速继续增大之后,固体颗粒随流体一起从反应器溢出,进入"水力输送"阶段,正常的流态化状态遭到破坏。

因此反应器内的固体颗粒物理性质对 AFB 的运行效果有决定性的影响,具体影响见表 5.7,以砂、活性炭为载体的 AFB 运行性能的影响效果见表 5.8,国外部分 AAFEB 的研究情况见表 5.9。

表 5.7　固体颗粒物理性质对 AFB 运行的影响

物理性质		对运行性能的影响
粒径	过大	需要较大水流速度以维持足够的床层膨胀率;表面积小,为保证必要的接触,须加大反应器体积;容积负荷率低;水流剪切力大,生物膜易脱落
	过小	操作困难;在颗粒周围绕流的雷诺数 Re 小于 1 的情况下液膜传质阻力大;相互摩擦剧烈,使生物膜易脱落
密度	过大	需较高水流线速度以维持必需的膨胀率;水流剪切力大,生物膜易于脱落;使附着生物膜较厚的粒子位于上部,出现逆向分层
	过小	同粒径过小的影响
粒径分布	过大	上部的孔隙率较大,且在介质床层内易发生短流
	过小	加剧了粒子的混合效应,在介质床层内易形成厚度相近的生物膜

表 5.8　以砂、活性炭为载体的 AFB 运行性能

温度 /℃	进水 BOD 浓度 /(mg·L^{-1})	砂载体 AFB			活性炭载体 AFB		
		HRT /h	出水 BOD 浓度/(mg·L^{-1})	BOD 去除率/%	HRT /h	出水 BOD 浓度/(mg·L^{-1})	BOD 去除率/%
26.5	113	1.33	50	56	1.90	25.0	78
26.8	110	1.44	57	49	—	—	—
24.8	107	1.80	44	59	0.85	48.5	55
23.0	110	1.40	61	44	2.00	35	68
22.2	124	1.70	93	33	2.10	51	61

表 5.9　国外部分 AAFEB 的研究情况

废水类型	处理温度 /℃	容积负荷率 /[kg(COD)·(m³·d)$^{-1}$]	HRT /h	进水 COD 浓度 /(mg·L^{-1})	COD 去除率/%
人工合成	55	—	4	3000	80
	55	—	4.5	8 800	73
	55	—	3	16 000	43
有机废水	中温	—	0.75	480	79
	中温	—	24	1 718	98
	中温	—	24	3 469	98.7
	中温	—	24	5 750	97
蔗料	55	0.003	4	—	80
	55	0.016	4.5	—	48
葡萄糖和醇	22	2.4	5	—	90
母萃取液	10	24	0.5	—	45
乳清废水	25~31	8.9~60	4~27	—	80(最大)
纤维素废水	35	6	—	—	85
城市污水	20	—	8	307	93
	20	—	9.5	307	86

5.1.2.7　厌氧流化床反应器(AFBR 反应器)

在流化床系统中依靠在惰性的填料微粒表面形成的生物膜来保留厌氧污泥,液体与污泥的混合、物质的传递依靠使这些带有生物膜的微粒形成流态化来实现。

流化床反应器的主要特点可归纳如下:

(1)流态化能最大限度地使厌氧污泥与被处理的废水接触。

(2)由于颗粒与流体相对运动速度高,液膜扩散阻力小,且由于形成的生物膜较薄,传质作用强,因此生物化学过程进行较快,允许废水在反应器内有较短的水力停留时间。

(3)克服了厌氧滤器堵塞和沟流问题。

(4)高的反应器容积负荷可减少反应器体积,同时由于其高度与直径的比例大于其他厌氧反应器,因此可以减少占地面积。

厌氧流化床试验结果见表 5.10,但是,厌氧流化床反应器存在着几个尚未解决的问题。其一,为了实现良好的流态化,必须使生物膜颗粒保持均匀的形状、大小和密度,但这几乎是难以做到的,因此稳定的流态化也难以保证;其次,一些较新的研究认为流化床反应器需要有单独的预酸化反应器。同时,为取得高的上流速度以保证流态化,流化床反应器需要大量的回流水,这样导致能耗加大,成本上升。由于以上原因,流化床反应器至今没有生产规模的设施运行。

表 5.10　某些厌氧流化床试验结果

废水来源	进液浓度/(g·L⁻¹)		HRT	VLR	温度	去除率/%		规模
	COD	BOD	/h	/[kg(COD)·(m³·d)⁻¹]	/℃	COD	BOD	
大豆蛋白生产	3.7~4.7	2.3~2.5	10~12	7.6~11.0	30~35	91	96	中试
有机酸生产	8.8	7.0	5	42	30	99	99	中试
含酚废水	2.8~3.7	2.1~3.0	15	4.5~5.9	30	99	99	中试
软饮料生产	0.98	0.83	—	—	30	90	-0	中试
化工废水(含乙醇)	12.0	—		8~20	35	>80	—	小试
食品加工	7.0~10.0	—		8~24	35	>80	—	小试
软饮料生产	6.0	3.9		8~14	35	>80	—	小试
污泥热处理分离液	10~30	5.0~15		8~20	35	>80	—	小试

5.1.2.8　内循环反应器(IC 反应器)

近 10 年来,已建造了许多处理工业废水的 UASB 反应器生产性装置。实践证明,为了防止升流度太大使悬浮固体大量流失,UASB 反应器在处理中低浓度 1.5~2.0 g(COD)/L 废水时,反应器的进水容积负荷率一般限制在 5~8 kg(COD)/(m³·d),在此负荷率下,最小 HRT 约为 4~5 h;在处理 COD 浓度为 5~9 g/L 的高浓度有机废水时,反应器的进水容积负荷率一般被限制在 10~20 kg(COD)/(m³·d),以免由于产气负荷率太高而增加紊流造成悬浮固体的流失。为了克服这些限制,1985 年荷兰 Paques BV 公司开发了一种反应器称为内循环反应器,简称 IC 反应器。IC 反应器与 UASB 反应器运行参数的比较见表5.11。IC 反应器在处理中低浓度废水时反应器的进水容积负荷率可提高至 20~24 kg(COD)/(m³·d),对于处理高浓度有机废水,其进水容积负荷率可提高到 35~

50 kg(COD)/(m³·d)。这是对现代高效反应器的一种突破,有着重大的理论意义和实用价值。

表5.11　IC与UASB反应器运行参数的比较

反应器形式	UASB	UASB	IC	IC	UASB	IC	单位
废水种类	造纸	啤酒	啤酒	啤酒	土豆加工	土豆加工	
反应器容积	2 200	1 400	50	6×162	2×1700	100	m³
反应器高	5.5	6.4	22	20	5.5	15	m
容积负荷率	5.7	6.8	20	24	10	48	kg(COD)/L(m³·d)
污泥负荷率	0.1	0.2	0.7	0.96	0.35	1.3	g(COD)/[g(VSS)·d]
容积产气率	1.4	2	5.5	—	3	—	m³(沼气)/(m³·d)
反应器温度	25	23	24~28	31	—	—	℃
进水COD	1.3	1.7	1.6	2.0	12	6~8	kg/m³
进水SS	0.03~0.1	0.2~0.3	0.4~0.6	0.3~0.5	1.0~1.6	—	kg/m³
出水COD	0.4	0.3	0.24	0.4	0.6	1.0	kg/m³
出水SS	0.08	0.2~0.8	—	0.4~0.5	0.3	1.1	kg/m³
COD去除率	70	80	85	80	95	85	%
TSS浓度	80	73	60	52	50	55	kg(TSS)/m³
灰分	0.26	0.20	0.13	0.15	0.20	0.13	%
颗粒最大粒径	3.43	3.42	3.14	3.22	3.38	3.57	mm
颗粒平均直径	0.83	0.60	0.84	0.66	0.51	0.87	mm
污泥密度	1 065	1 054	1 057	1 041	1 039	1 043	kg/m³
污泥活性	0.6	1.10	1.40	1.90	1.08	1.83	g(COD)/[g(VSS)·d]

　　经过第一厌氧反应室处理过的废水,会自动地进入第二厌氧反应室被继续进行处理。废水中的剩余有机物可被第二反应室内的厌氧颗粒污泥进一步降解,使废水得到更好的净化,提高了出水水质。产生的沼气由第二厌氧反应室的集气罩收集,通过集气管进入气液分离器。第二反应室的泥水混合液进入沉淀区进行固液分离,处理过的上清液由出水管排走,沉淀下来的污泥可自动返回第二反应室。这样,废水就完成了在IC反应器内处理的全过程。

　　IC反应器实际上是由两个上下重叠的UASB反应器串联所组成的。由下面第一个UASB反应器产生的沼气作为提升的内动力,使升流管与回流管的混合液产生一个密度差,实现了下部混合液的内循环,使废水获得强化预处理。上面的UASB反应器对废水继续进行后处理(或称精处理),使出水达到预期的处理要求。

　　IC颗粒污泥的灰分为0.13%~0.15%,低于UASB颗粒污泥的灰分(0.2%~0.26%),这说明IC颗粒污泥中有机成分含量更高,污泥的活性更高。

5.1.2.9　膨胀颗粒污泥床(EGSB反应器)

　　直到今天,大部分高效厌氧反应器,如厌氧接触法、升流式厌氧污泥层反应器、厌氧滤池和厌氧流化床等,一般只是作为处理中高浓度工业废水。近年来,也有处理较低浓度工业废水(如COD<1 g/L)的尝试。但是,用上述厌氧反应器处理低浓度有机废水存在一些问题,

如由于进水 COD 较低,使得反应器的负荷率较低,甲烷产量少,因此,混合强度较低,使基质与微生物接触不好。

膨胀颗粒污泥床(简称 EGSB)反应器是 UASB 反应器的变型,是厌氧流化床与 UASB 反应器两种技术的结合。它最初开发是通过颗粒污泥床的膨胀以改善废水与微生物之间的接触,强化传质效果,以提高反应器的生化反应速度,从而大大提高反应器的处理效能。

EGSB 反应器通过采用出水循环回流获得较高的表面液体升流速度。这种反应器的典型特征是具有较大的高径比,较大的高径比也是提高升流速度所需要的。EGSB 反应器液体的升流速度可达 5~10 m/h,这比 UASB 反应器的升流速度(一般在 1.0 m/h 左右)要高得多。

EGSB 反应器不仅适于处理低浓度废水,而且可处理高浓度有机废水。但在处理高浓度废水时,为了维持足够的液体升流速度,使污泥床有足够大的膨胀率,必须加大出水的回流量,其回流比大小与进水浓度有关。一般进水 COD 浓度越高,所需回流比越大。

EGSB 反应器通过出水回流,使其具有抗冲击负荷的能力。使进水中的毒物浓度被稀释至对微生物不再具有毒害作用。所以 EGSB 反应器可处理含有有毒物质的高浓度有机废水。出水回流可充分利用厌氧降解过程通过致碱物质(如有机氮和硫酸盐等)产生的碱度提高进水的碱度和 pH 值,保持反应器内 pH 的稳定,从而有助于降低运行费用。

EGSB 反应器启动的接种污泥通常采用现有 UASB 反应器的颗粒污泥,接种污泥量以30 g[VSS(颗粒污泥)]/L 左右为宜。为减少启动初期反应器细小污泥的流失,可将种泥在接种前进行必要的淘洗,先去除絮状的和细小污泥,提高污泥的沉降性能,提高出水水质。

5.1.2.10　升流式厌氧污泥床–滤层反应器(UBF 反应器)

升流式厌氧污泥床–滤层反应器,简称 UBF 反应器,是由加拿大学者 S・R・Guiot 于 1984 年研究开发的。UBF 反应器综合了 UASB 反应器和 AF 的优点,使该种新型的厌氧反应器具有很高的处理效能,引起了国内外学者的很大兴趣,开展了大量的研究和应用。

Guiot 等人开发的 UBF 反应器的主要构造特点是:下部为厌氧污泥床,与 UASB 反应器下部的污泥床相同,有很高的生物量浓度,床内的污泥可形成厌氧颗粒污泥,污泥具有很高的产甲烷活性和良好的沉降性能;上部为厌氧滤池相似的填料过滤层,填料表面可附着大量厌氧微生物,在反应器启动初期具有较大的截留厌氧污泥的能力,减少污泥的流失可缩短启动期。由于反应器的上下两部均保持很高的生物量浓度,所以提高了整个反应器的总的生物量。从而提高了反应器的处理能力和抗冲击负荷的能力。

Guiot 开发的 UBF 反应器试图以局部的填料滤层替代 UASB 上部的三相分离器,这样使整个反应器的构造更为简单。

过滤层所采用的材质与厌氧滤池填料的种类基本相同,要求填粒比表面积大,孔隙率大,机械强度高和表面粗糙易于挂膜,但应避免发生堵塞,可采用塑料、纺织用纤维或陶粒等。

URF 反应器适于处理含溶解性有机物的废水,不适于处理含 SS 较多的有机废水,否则填料层易于堵塞。

我国关于 UBF 反应器的研究始于 80 年代初,起步是比较早的,与国外差距不大。1982年广州能源研究所已开始了采用 UBF 反应器处理糖蜜酒精废水和味精废水的研究,起始时间比加拿大(1984 年)还要早。国内 UBF 反应器的研究与应用情况见表 5.12。

表 5.12 国内 UBF 反应器研究与应用

废水种类	容积负荷率 [kg·(COD)·(m³·d)⁻¹]	进水 COD 浓度 /(mg·L⁻¹)	COD 去除率/%	沼气产率 [m³·(m³·d)⁻¹]	HRT /d	温度 /℃	规模 /m³	研究单位
味精	5.5	17 150	88.5	2.30	3.15	30~32	3.8	广州能源所
糖蜜酒精	17.0	17 000	70.3	6.80	1.00	34	0.009	原哈尔滨建筑工程学院
甲醇废水	33.4	29 300	95	—	1.14	35	小试	河北轻化工学院
维生素 C	10.8	20 000	95	5.41	1.85	35~37	2	河北轻化工学院
乳品	13	11 000	85~87	4.0	0.85	35	6	原哈尔滨建筑工程学院
啤酒	10~15	—	80	7.2	0.28	—	小试	原重庆建筑工程学院

5.1.2.11 厌氧折流板反应器(ABR 反应器)

厌氧折流板反应器(ABR 反应器)是 P·L·McCarty 等 1982 年研制的新型厌氧生物处理装置,是一种厌氧污泥层工艺,可以处理各种有机废水。它具有很高的处理稳定性和容积利用率,不会发生堵塞和污泥床膨胀而引起的污泥(微生物)流失,可省去气固液三相分离器。该反应器能保持很高的生物量,同时能承受很高的有机负荷。国内做过的小型试验的结果表明,当反应器进水容积负荷率达到 36 kg(COD)/(m³·d)时,COD 的去除负荷率可达24 kg(COD)/(m³·d)以上,产甲烷速率超过 6 m³(CH₄)/(m³·d)。

ARR 内由若干组垂直折流板把长条形整个反应器分隔成若干组串联的反应室。迫使废水水流以上下折流的形式通过反应器,如图 10.13 所示。反应器内各室积累着较多厌氧污泥。当废水通过 ABR 时,要自下而上流动,与大量的活性生物量发生多次接触,大大提高了反应器的容积利用率。就一个反应室而言,因沼气的搅拌作用,水流流态基本上是完全混合的,但各个反应室之间是串联的,具有塞流流态。整个 ABR 是由若干个完全混合反应器串联在一起的反应器,所以理论上比单一的完全混合状态的反应器处理效能高。

综上所述,ABR 具有以下特点:

(1)上下多次折流,使废水中有机物与厌氧微生物充分接触,有利于有机物的分解。

(2)不需要设三相分离器,没有填料,不设搅拌设备,反应器构造较为简单。

(3)由于进水污泥负荷逐段降低,沼气搅动也逐段减小,不会发生因厌氧污泥床膨胀而大量流失污泥的现象,此外,其出水 SS 往往较低。

（4）反应器内可形成沉淀性能良好、活性高的厌氧颗粒污泥，可维持较多的生物量。

（5）因反应器内没有填料，不会发生堵塞。

5.1.2.12　升流式厌氧固体反应器（USR 反应器）

升流式厌氧固体反应器（USR 反应器），是美国 Fannion 等人在 1982 年开发的。他们参照 UASB 反应器的原理，把它用于以海藻为原料进行厌氧消化制取沼气。因为被处理的对象是固体，所以称为升流式厌氧固体反应器，虽然在国外很少见到有关 USR 的研究和应用的报道，然而我国的科技工作者却把 USR 用来进行含 SS 很高的禽畜粪便和酒精废液等的厌氧处理，并取得了很好的效果。USR 构造原理如图 5.2 所示。

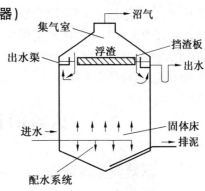

图 5.2　USR 构造原理

USR 的最大特点是可处理含固体量很高的废水（液），一般来说废水（液）的含固量可达 5% 左右。甚至可处理含固量达 10% 的废液。

5.1.2.13　管道厌氧消化器

管道厌氧消化器是浙江农业大学冯孝善等于 1982 年研究开发的。因为消化器的形状像管道，可埋设于地下，并可把若干个单节消化器串联运行，故以管道消化器命名。他们认为在某种条件下可以与下水管道结合起来，可节省占地面积和降低动力消耗，并有利于保温维持稳定的温度条件。由于消化器的过水断面小而长度大，水流的流态接近塞流型，因而具有较高的容积负荷率。据冯孝善、俞秀娥等报道（1987），在中温 30 ℃下采用五节管道消化器串联运行处理柠檬酸废水，容积负荷率达到 15.7 kg(COD)/(m³·d)，容积产气率为 9.1 m³/(m³·d)。上述参数表明，管道厌氧消化器的确是一种高效能的厌氧反应器，有着很大的推广应用前景。

管道厌氧消化器的构造如图 5.3 所示，可以看出该系统是由若干个单节消化器串联所构成的，单节消化器的构造如图 5.3(a) 所示。管道厌氧消化器串联节数的多少主要取决于废水的有机物浓度和废水降解难易程度，一般有 3～5 节串联即可满足要求。

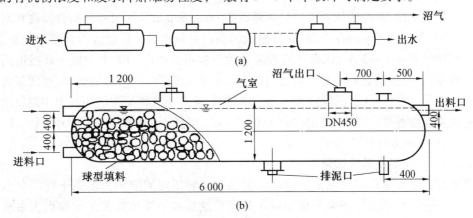

图 5.3　管道厌氧消化器的组成示意图

由图 5.3(b)可知,对于单节消化器,前端下部设进料口,后端上部设出料口。出料口以上的空间为集气室,集气室顶设排气管和安装填料口,底部设排泥口或放空管。每个管节内可填装填料,也可不填充填料,因此管道厌氧消化器可以是悬浮生长系统,也可以是附着生长系统。浙江农大所采用的填料是用竹子编织的空心球,随机堆放。要求填料有较大的孔隙率,防止发生堵塞。从以上的介绍可知,管道厌氧消化器具有构造简单、可以工业化生产、施工安装方便、运行稳定等特点。

5.2　厌氧消化污泥中的产甲烷菌

5.2.1　厌氧消化器环境

人工建造的厌氧消化器包括污水处理系统和农村沼气池,其功用是为了处理污物污水和获得燃料气体——沼气。厌氧消化器是研究得较为彻底且最易操作的产甲烷生态系统,从复杂有机物到甲烷的转化包括了甲烷发酵 4 个阶段的全过程,是典型的产甲烷菌的第一类生态环境。

厌氧消化器有机负载高,有机物浓度在 5%左右。城市污泥消化器中含 10% ~15%的纤维素,6% ~7%的木质素,20% ~25%的蛋白质和 15% ~30%的脂类。农村沼气池原料以动物排泄物为主,由大约 14% ~25%的纤维素,8% ~15%的木质素,5% ~10%的蛋白质和 1.5% ~2.5%的脂类组成。在厌氧消化器中,有机物有效的生物转化取决于参与各阶段发酵的多种复杂的微生物种群。这些菌群由水解菌、产氢产乙酸菌、同型产乙酸菌和产甲烷菌组成。这些不同营养类型的细菌作为一个整体协调作用,影响一个类型菌的代谢活动就可能影响整个的微生物种群。例如,如果氢营养甲烷菌发生某种混乱,就会造成氢分压升高,互营性的肪酸酸氧化不能正常进行,脂肪酸积累,又导致 pH 值下降和未离解脂肪酸的毒性增强。

5.2.2　厌氧消化器中的微生物种群和数量

国外研究者对厌氧消化器中的微生物种群和数量做了大量的调查工作。污泥消化器中产甲烷菌数量约为 10^6 ~10^8 个/mL,其他厌氧菌总数约为 2×10^9 ~6×10^9 个/mL。它们绝大部分是严格厌氧菌,兼性厌氧菌大约只占总数的 1%。Smith 等利用特异的含碳底物对水解菌计数研究,每毫升下水污泥中含 10^7 数量级的蛋白水解菌,10^5 数量级的纤维素分解菌,产氢产乙酸菌数量 4.2×10^6 个,同型产乙酸菌的数量也可达 10^5 ~10^6 个。赵一章报道川西平原沼气池中,产甲烷菌数量一般为 10^5 ~10^8 个/mL,产氢菌为 10^5 ~10^7 个/mL,而厌氧纤维素分解菌为 10^3 ~10^5 个/mL。钱泽澍在一个连续进料、高产沼气的奶牛场沼气池中观察到了更多数量的微生物种群,发酵水解菌达 26×10^{12} 个/mL,产氢产乙酸菌达 49.6×10^{12} 个/mL,产甲烷菌也可达到 49.8×10^{12} 个/mL。

5.2.2.1　厌氧发酵性细菌

下水污泥中厌氧发酵性细菌组成非常复杂。水解蛋白的细菌大多属于梭状芽孢杆菌属、葡萄球菌属、真细菌属和类杆菌属等。分解纤维素和半纤维素细菌的知识大多来自于 Hungate 对瘤胃的研究。一般认为,存在于粪便残渣和沉积物环境中的细菌也会出现于中温消化器中。根据消化器中使用的原料,瘤胃中的优势纤维素分解菌如琥珀酸拟杆菌、生黄瘤胃球菌、溶纤维丁酸弧菌、纤维二糖梭菌等可能也存在于消化污泥中。此外,从消化污泥中还分离出分解纤维素能力强的类弧菌,并从木材生物质原料消化器中分离出三种生成芽孢的纤维素分解菌。从瘤胃中也已经分离出数种解纤维素的厌氧真菌。纤维素分解菌能够从径流水或人和动物的排泄物中进入厌氧消化器。在高温(约 60 ℃)的厌氧消化器中重要的纤维素分解菌是热纤梭菌,以及不产孢子的杆菌。

5.2.2.2　产氢产乙酸菌

产氢产乙酸菌的典型代表是从所谓"奥氏甲烷芽孢杆菌"混合培养物中分离出的"S"有机体,在甲烷杆菌存在时,"S"有机体可以分解代谢乙醇。在此启发下,以后又陆续分离出丁代谢脂肪酸产氢的细菌,如氧化丁酸、戊酸等的沃尔夫互营单胞菌(*Syntrophomonas wolfel*),降解丙酸的沃林互营杆菌(*Syntrophobacter wolinii*)和降解苯甲酸盐的 *Syntrophus buswellii* 等。此外,部分硫酸盐还原菌,如脱硫弧菌和普通脱硫弧菌,在环境中没有硫酸盐,并有产甲烷菌存在时,也可在乙醇或乳酸盐培养基上生长,并氧化乙醇或乳酸生成乙酸和氢气。许多研究工作者已证实厌氧消化器所产生的甲烷中,大约有 70% 来自于乙酸。因而在污泥的甲烷发酵中,产氢产乙酸菌占有重要的生态位置。

5.2.2.3　同型产乙酸菌

同型产乙酸菌表现为混合营养类型,它既能代谢 H_2/CO_2,也能代谢糖类等多碳化合物,还可以进行丁酸发酵。最早分离出的同型产乙酸菌是伍氏乙酸杆菌(*Acetobacterium woodii*),是 Balch 在用 H_2/CO_2 富集产甲烷菌的培养物中,在甲烷形成后加入连二亚硫酸钠分离出来的。以后又分离出了乙酸梭菌(*Clostridium acericum*)、基维产乙酸菌(*Acetogenium kivui*)、嗜热自养棱菌(*Clostridium thermoautotrophicum*)、黏液真杆菌(*Eubacterium limosum*)等菌株。但在厌氧消化器中,以消耗氢气来生成乙酸的同型产乙酸菌的确切生态作用并不十分清楚。

5.2.2.4　产甲烷菌

产甲烷菌是唯一能够有效地利用氧化氢形成的电子,并能在没有光和游离氧,NO_3^- 和 SO_4^{2-} 等外源电子受体的条件下厌氧分解乙酸的微生物。厌氧消化中,产甲烷菌是甲烷发酵的核心。厌氧消化器下水污泥中,产甲烷菌的数量约为 10^8 个/mL,Smith 等计数甲烷杆菌属、甲烷球菌属、甲烷螺菌属和甲烷八叠球菌属的数量为 $10^6 \sim 10^8$ 个/mL,甲烷丝状菌属的数量为 $10^5 \sim 10^6$ 个/mL。在中国农村沼气池中,产甲烷菌的主要类型是甲酸甲烷杆菌、史密斯甲烷短杆菌、嗜树木甲烷短杆菌、甲烷八叠球菌和甲烷小球菌。嗜热产甲烷菌也同时存在于农村沼泽池中,其中一种是利用 H_2/CO_2 和甲酸的杆菌,一种是包囊状球菌,形成类似于马氏甲烷球菌的包囊,另外一种是小球菌。

氢营养型产甲烷菌世代时间短,而乙酸营养型产甲烷菌繁殖速度慢。厌氧消化器中甲烷八叠球菌代时为 $1 \sim 2$ d,利用乙酸产甲烷的优势菌索氏甲烷丝状菌,代时超过 3.5 d。互营利用丙酸、丁酸产甲烷的共生培养物则需要更长的时间。实际上,互营脂肪酸降解菌和乙酸营养甲烷菌是有机物厌氧降解转化成甲烷的主要限制因素。由于这些微生物生长缓慢,在厌氧消化器中必须停留足够长的时间才能免于被洗脱。按照工程要求,厌氧消化器的保留时间必须大于 10 d 才能够有效地和稳定地运行。因为产甲烷菌在代谢一碳化合物和乙酸时,要有对氢进行氧化的氧化还原酶参与,并要求一定的质子梯度,而较低的 pH 值有利于质子还原成氢,不会使氢氧化成质子。高质子浓度也抑制产甲烷菌和产乙酸菌的氢代谢。

乙酸营养型产甲烷菌的质子调节作用可除去有毒的质子和确保各类型菌优势菌群的最适pH范围。一些事实说明,产甲烷菌的质子调节作用是其最重要的生态学功能,只有产甲烷菌才能够有效地代谢乙酸。产甲烷菌代谢氢而完成的电子调节作用则从热力学上为产氢产乙酸菌代谢多碳化合物(如醇、脂肪酸、芳香族化合物等)创造了最适条件,并促进水解菌对基质的利用。此外,产甲烷菌还可能具有营养调节作用,合成和分泌某些有机生长因子,有利于其他类型厌氧菌的生长。产甲烷菌表现的这三种调节机能(表5.13),维持了复杂微生物种群间相互联合和相互依赖的代谢联系,为厌氧消化过程的稳定和保持生物活性提供了最适条件。

表 5.13   厌氧消化中产甲烷菌的生物调节作用

功能	代谢反应	意义
质子调节	$CH_3COO^- + H^+ \Longrightarrow CH_4 + CO_2$	除去有毒代谢产物 维持 pH 稳定
电子调节	$4H_2 + CO_2 \Longrightarrow CH_4 + 2H_2O$	为某些底物代谢创造条件 防止某些有毒代谢物积累 增加代谢速率
营养调节	分泌生长因子	刺激异样菌生长

5.3   厌氧颗粒污泥中的产甲烷菌

5.3.1   厌氧颗粒污泥

UASB 反应器中水流的升流式运行方式是其污泥颗粒化的最直接和基本的原因和前提,是必要条件,但并非是决定颗粒污泥的形成及其特性的充分条件,亦即颗粒污泥的形成除受水力条件的影响和制约外,还与废水水质、运行控制条件等许多因素有关;同时污泥颗粒化的过程需要较长的时间,其对运行条件的要求亦是非常严格的。而在不同的运行条件下,污泥颗粒化的实现途径(机理)也不尽相同,因而颗粒污泥的特性也有所不同。表5.14给出了几种 UASB 颗粒污泥的基本参数。通过对污泥颗粒化的条件、颗粒化机理、颗粒污泥的形成过程等的研究,有利于加深对颗粒污泥特性的了解,促进运行条件的优化,获得性能优良的颗粒污泥,促进反应器的稳定高效运行。

表 5.14   几种 UASB 颗粒污泥的基本参数

基本运行参数	形成颗粒污泥的废水种类		
	人工配水	屠宰废水	丙酮丁醇废水
颗粒污泥直径/mm	0.7 ~ 2.0	0.5 ~ 1.0	0.5 ~ 1.0
沉降性能/$(mL \cdot g^{-1})$	17	81	22
湿比重/$(g \cdot cm^{-3})$	1.06	1.05	1.06
水力滞留时间/h	5 ~ 7	6 ~ 8	48
试验温度/℃	35	常温	35
进水浓度/$(CODmg \cdot L^{-1})$	3 000	3 000	9 000 ~ 10 000
COD 去除率/%	90	80	90

5.3.1.1   厌氧颗粒污泥的形成机理

有关厌氧颗粒污泥形成机理的各种假设是根据对颗粒污泥培养过程中观察到的现象的

分析提出的。至今尚未有一种较为完善的理论来阐明厌氧颗粒污泥形成的机理。以下将分别介绍各种假说。

1. 晶核假说

Lettinga 等人提出了"晶核假说",认为颗粒污泥的形成类似于结晶过程,在晶核的基础上,颗粒不断发育到最后形成成熟的颗粒污泥。形成颗粒污泥的晶核来源于接种污泥或反应器运行过程中产生的非溶解性无机盐($CaCO_3$ 等)结晶体颗粒。这一假说获得了试验结果的支持,如在培养过程中投加 Ca^{2+} 等,将有助于实现污泥颗粒化,在镜检时可观察到颗粒污泥中有 $CaCO_3$ 晶体的存在。但是也有不少试验结果发现在成熟的颗粒污泥中并未发现有晶核的存在。有些研究者提出,颗粒污泥完全可以通过细菌自身的生长而形成。

2. 电荷中和假说

细菌细胞表面带负电荷,互相排斥使菌体趋于分散状态。金属离子如 Ca^{2+},Mg^{2+} 等带有正电荷,两者互相吸引可减弱细菌间的静电斥力,并通过盐桥作用而促进细胞的互相凝聚,形成团粒。

3. 胞外多聚物假说

不少研究者认为,胞外多聚物(ECP)是形成颗粒污泥的关键因素。ECP 主要由蛋白质和多聚糖组成,ECP 的组成可影响细菌絮体的表面性质和颗粒污泥的物理性质。分散的细菌是带负电荷的,细胞之间有静电排斥,ECP 产生可改变细菌表面电荷,从而产生凝聚作用。

4. Spaghetti 理论

该理论认为颗粒污泥的形成过程也就是选择压等物理作用对微生物进行选择的过程。在启动初期,由于上升流速很小,在 UASB 反应器的接种污泥中的一些菌体会自然生长成为小聚集体或附着在其他物体上,这样有利于菌体的聚团化生长,一旦新生体形成,颗粒即慢慢长大。初生颗粒会由于自身菌体生长或黏附一些零碎的细菌而成长起来。在上升水流和沼气的剪切力作用下,颗粒会长成球形。

J·E·Schmidt 和 B·K·Ahring(1995)总结了国外最近的研究成果,提出了颗粒污泥形成的过程(表 5.15)。他们认为颗粒污泥的初始形成可分为 4 个步骤:①单个细胞通过不同的途径,如扩散(布朗运动)、对流或鞭毛活动等转移到一个非菌落的惰性物质或其他细胞的表面;②在物理化学力的作用下,在细菌细胞之间或在惰性物质之间发生的可逆吸附;③通过微生物的附肢或胞外多聚物使细菌细胞之间或对惰性物质之间产生不可逆吸附;④附着细胞的不断增殖和颗粒的发育。

表 5.15　颗粒污泥的形成过程

形成阶段	污泥形态及微生物组成
絮状污泥	污泥为分散相,产甲烷菌数量少且多呈流动性
絮团状污泥	基本形态仍为絮状,出现部分缠黏状,粒径小的絮聚体,产甲烷杆菌、短杆菌和球菌等相互交错排列,缠绕在一起
小颗粒污泥	0.5 mm 小颗粒大量出现,表面有黏状分泌物,甲烷索氏丝状菌开始出现,插入其他细菌间
颗粒状污泥	索氏丝状菌大量繁殖,小颗粒污泥不断增大,粒径多为 1~3 mm,表面颜色由灰转黑
成熟颗粒污泥	形态更趋拟圆形,粒径基本稳定且大小较一致,形成稳定菌群

5.3.1.2 颗粒污泥的类型及形成过程

经许多学者的研究,发现 UASB 反应器内的颗粒污泥有三种类型(A 型、B 型、C 型)。其中 A 型和 B 型两种颗粒污泥主要由菌体构成,而 C 型颗粒污泥则是由菌体附着于惰性固体颗粒表面而形成的生物粒子。

A 型颗粒污泥是以巴氏甲烷八叠球菌为主体的球状颗粒污泥,外层常有丝状产甲烷杆菌缠绕。它比较密实,但粒径很小,约 $0.1 \sim 0.5$ mm。

B 型颗粒污泥是以丝状的产甲烷杆菌为主体的颗粒污泥,故也称杆菌颗粒,它在 UASB 反应器内出现频率极高,其表面比较规则,外层缠绕着各种形态的产甲烷杆菌的丝状体。B 型颗粒污泥也可细分为两种:一种是细丝状颗粒,内含很长的产甲烷杆菌的丝状体,通常出现在实验室 UASB 反应器内;另一种是杆状颗粒,它只含较短的产甲烷杆菌丝状体,常见于各种规模的 UASB 反应器内。丝状颗粒的密度为 1.033 g/cm^3,杆状颗粒的密度为 1.054 g/cm^3。

C 型颗粒污泥是由疏松的纤丝状细菌缠绕粘连在惰性微粒上所形成的球状团粒,故也称丝菌颗粒。它类似于厌氧流化床反应器中的生物粒子(即在人工无机载体上覆盖着生物膜的微粒)。C 型颗粒污泥大而重,粒径为 $1 \sim 5$ mm。颗粒污泥的比重约为 $1.01 \sim 1.05$。颗粒污泥的沉降速度依比重和粒径的不同而差异甚大,从 0.2 mm/s ~ 30 mm/s 不等,一般为 $5 \sim 10$ mm/s。

不同类型的颗粒污泥的形成与废水中化学物质(营养基质和无机物)的不同和反应器的工艺运行条件(特别是水力表面负荷和产气强度)有关。当 UASB 反应器中的乙酸浓度很高时,以乙酸为主要基质的少数菌种,如巴氏甲烷八登球菌(或许还有马氏甲烷八叠球菌),将迅速生长繁殖,并依靠其杰出的成团能力而形成肉眼可见的 A 型颗粒污泥。由于 A 型颗粒污泥基本上是由厌氧微生物组成的,比重轻,因此它出现并保持稳定存在,其必要条件是 UASB 反应器中的表面水力负荷及表面产气率要低,即由其产生的水力及气力分级作用要弱。但是,在实际的生产性装置中,难于维持高水平的乙酸浓度,故很少见到 A 型颗粒。此外,由于甲烷八叠球菌形成的 A 型颗粒污泥内部有孔洞,常作为其他细菌栖息的场所而变型,不能稳定存在。有研究表明,B 型颗粒就是由丝状甲烷杆菌栖息于上述空洞中而逐渐形成的。B 型颗粒的形成,破坏了 A 型颗粒的稳定而使其解体。超薄切片观察幼龄 B 型颗粒的结果表明,在接近边缘的地方尚存在甲烷八叠球菌簇,而其中心则未见甲烷八叠球菌,表明 B 型颗粒是由 A 型颗粒转型而成的。随着幼龄 B 型颗粒的逐渐发展,位于外层的甲烷八叠球菌逐渐脱落,表明 A 型颗粒已完全解体,不复存在,而典型的 B 型颗粒已成熟定型,其中已不含甲烷八叠球菌了。当 UASB 反应器中存在适量的悬浮固体时,具有较好附着能力的丝状甲烷菌可附着于固体颗粒(初级核)表面,进而发展成 C 型颗粒,即在初级核表面形成生物膜。初级核可以是无机颗粒,也可以是其他生物碎片。C 型颗粒发育到一定的程度,生物膜会脱落而导致 C 型颗粒破碎,这些碎片即成为次级核,形成新的 C 型颗粒污泥。

5.3.1.3 反应区内颗粒污泥的分布

反应区内颗粒污泥的形成与分布,受到一些外界条件的制约,其中最主要的是基质的种类和浓度,以及表面水力负荷和表面产气率的分级作用。

1. 基质的种类和浓度

基质的种类和浓度对形成颗粒污泥的种类和质量有着重要的影响。乙酸是厌氧消化系统中最主要的供甲烷细菌吸收利用的基质,而能利用这种基质的甲烷细菌有巴氏甲烷八叠球菌和马氏甲烷八叠球菌,以及常呈丝状的孙氏甲烷丝菌。巴氏甲烷八叠球菌在乙酸浓度较高的消化液中有较快的比增殖速度(比后者快 4.5 倍),因而有利于 A 型颗粒污泥的形成。丝状的孙氏甲烷丝菌对乙酸有较强的亲和力,在乙酸浓度较低时,它捕获乙酸进行增殖的能力比前者要强,因而有利于 B 型和 C 型颗粒污泥的形成。

环境中 H_2 的浓度对微生物的成团起着重要作用。氢分压较高时,以 H_2 为能源的产甲烷菌(氢营养型的产甲烷菌)在有足够的半胱氨酸存在下,能产生过量的各种氨基酸,形成胞外多肽,再与厌氧细菌结合成团粒而形成颗粒污泥。

一般来说,应在反应区的底部废水入口处附近培养较高浓度的 A 型颗粒污泥,以发挥其在乙酸浓度高时比增殖速度快的生理特性,尽量多地降解有机营养物,而在反应区的中段应培养浓度较高的 B 型和 C 型颗粒污泥,以发挥其在乙酸浓度低时有较强亲和力的生理特性,充分捕获和转化消化液中残存的有机营养物,最大限度地改善出水水质。

但是,在实际工程中很难实现颗粒污泥的这种理想分布,产生这一现象的主要原因是 UASB 反应器在启动阶段,为避免酸化,常采用较低的负荷值,且在 COD 去除率达 80% ~ 90% 后才允许增大负荷值。其结果是从一开始即维持体系中较低水平的乙酸浓度,一般只形成 B 型和 C 型颗粒污泥,而 A 型颗粒污泥却无法培养起来。这也是 UASB 反应器在提高处理能力方面的一个内部障碍。

2. 表面水力负荷和表面产气率所产生的分级作用

在 UASB 反应器中,由表面水力负荷决定的上升液流和由表面产气率促成的上窜气泡对反应区内污泥粒子产生的浮载作用,使大而重的污泥粒子堆积于底层,小而轻的污泥粒子浮于上层。这种使污泥粒子沿高度的分级悬浮现象称为污泥粒子的水力和气力分级作用。

分级作用特低时,反应区内会保持大量的分散态细菌,由于其传质阻力小,能优先捕获营养物质而大量繁殖,并抑制了传质阻力大的颗粒污泥的形成,使反应器内保持了低水平的处理能力。分级作用中等时,分散态细菌被迫仅存留于反应区顶层,而让附着型和结团型的厌氧微生物在反应区底部富营养带内大量滋生,从而在此区域内形成颗粒污泥,大大提高了反应器的处理能力。当分级作用很大时,不仅分散态细菌大量流失,而且一些能改善出水水质的较小颗粒污泥也频频流失,造成反应器处理效能的反退。分级作用很高时,只有附着生长或结团至足够大的厌氧细菌才能选择性地滞留,其中大多是缠绕能力很强的丝状甲烷细菌。甲烷八叠球菌只有在迅速结团并达到足够大后,才能被滞留,否则难以幸存。实际的 UASB 反应器在启动期由于采用低负荷而使乙酸浓度很低,在这样的低乙酸浓度水平的环境中,产甲烷八叠球菌很难发挥其比增殖速度快的优势,因而难以迅速结成生物团粒,被选择滞留的机会较少,而且甲烷八叠球菌形成的 A 型颗粒要比 B、C 型颗粒小。

5.3.1.4　培养颗粒污泥的综合条件

在 UASB 反应器中培养出高浓度高活性的颗粒污泥并维持合理的纵向分布,一般需要 1~3 个月时间。其中可大致分为三个时段,即启动期、颗粒污泥形成期和颗粒污泥成熟期。培养和形成颗粒污泥的综合技术条件可大致归纳为以下几方面:

(1) 接种污泥:选取稠型消化污泥 [> 60 kg (DS)/m^3] 要比稀型消化污泥

[<40 kg(DS)/m³]为好。前者的接种量为 12 ~ 15 kg(VSS)/m³,后者为 6 kg(VSS)/m³。

(2)维持稳定的环境条件,如温度等。

(3)初始污泥负荷为 0.05 ~ 0.1 kg(COD)/[kg(VSS)·d],待正常运行后,再增加负荷,以增大分级作用,但负荷不宜大于 0.6 kg(COD)/[kg(VSS)·d]。

(4)废水中原有的和产生的挥发性脂肪酸经充分分解(达80%)后,即保持低浓度的乙酸条件下(与培养孙氏甲烷丝菌有关),才能够逐渐提高有机负荷。

(5)表面水力负荷应大于 0.3 m³/(m²·h),以保持较大的水力分级作用,冲走轻质污泥絮体。

(6)进水 COD 浓度不大于 4 000 mg/L,以便于保持较大的表面水力负荷。如果 COD 浓度过高,可采用回流或稀释等措施降低 COD 浓度。

(7)进水中可提供适量的无机微粒,特别要补充 Ca^{2+}、Fe^{2+} 同时补充微量元素(如 Ni,Co 和 Mo 等)。

总之,由以上介绍可知,颗粒污泥的形成保证了反应区内能够保持高浓度污泥;而颗粒污泥的形成,又保证了反应区内稳定而又高效能的有机物转化速率。可见,UASB 反应器的关键问题是培养和保持高浓度、高活性的足够数量的颗粒污泥。

5.3.2 厌氧颗粒污泥的微生物学

5.3.2.1 颗粒污泥的生物活性

研究表明,在颗粒污泥表面生物膜的外层中占优势的细菌是水解发酵细菌,内部是甲烷细菌。细菌的这种分布规律是由环境中的营养条件决定的。

颗粒污泥表面的厌氧微生物接触的是废水中的原生营养物质,其中大多数为不溶态的有机物,因而那些具有水解能力及发酵能力的厌氧微生物便在污泥粒子表面滋生和繁殖,其代谢产物的一部分进入溶液,经稀释后降低了浓度,供分散在液流中的游离细菌吸收利用;另一部分则向颗粒内部扩散,使颗粒内部成为下一营养级的产氢产乙酸细菌和产甲烷细菌滋生和繁殖的区域。由于产甲烷细菌在颗粒内部的密度大于颗粒外部的溶液本体,亦即颗粒内部的生物降解作用(包括酸化和气化)大于颗粒外部的溶液本体,故发酵细菌的代谢产物在颗粒内部的浓度或分压小于外部溶液,为水解及发酵细菌的代谢产物向颗粒内部扩散提供了有利的动力学条件。可见,颗粒污泥实际上是一种生物与环境条件相互依托和优化组合的生态粒子,由此构成了颗粒污泥的高活性。

5.3.2.2 颗粒污泥的微生物相

近年来,国内外一些学者加强了对厌氧颗粒污泥代谢特性的研究工作。颗粒污泥这种特殊的厌氧消化种泥,其微生物相由产甲烷菌、产氢产乙酸菌和其他生理类群厌氧菌组成。刘双江等对啤酒厂废水、豆制品废水等含蛋白质废水中颗粒污泥的研究发现,颗粒污泥中降解乙酸盐的生物量占总生物量的 19.6%,其代谢活性较絮状污泥高一个数量级。颗粒污泥中的乙酸分解菌主要是 *Methanothrix SP.* 和 *Methanosarcina SP.*。前一种菌主要分布于颗粒污泥的中层,后者分布在表面。研究者认为它们在反应器中的功能有所不同,*Methanothrix SP.* 主要降解颗粒污泥产生的乙酸,而 *Methanosarcim SP.* 主要降解反应器内由悬浮细菌产生的乙酸。

赵一章等对颗粒污泥的菌相作了详细的显微观察和生理研究。借助于荧光显微镜能直观地对产甲烷菌进行特异性观察,再配合电子显微镜观察其超微结构,可以对颗粒污泥中的产甲烷细菌在属一级水平上作出初步的鉴定。对三种废水中形成的颗粒污泥观察的结果简介如下。

人工配水的颗粒污泥:用工业糖、尿素和磷酸盐配制的污水中,形成的颗粒污泥的外表较为规则,比表面积大,表面可见较多孔穴。颗粒内菌群分布不均一,存在阻产甲烷丝状菌和产甲烷球菌分别占优势的区域,但多数区域为各种菌群混栖分布。可发现甲烷八叠球菌相互叠加,形成拟八叠体。在颗粒形成的后期,表面以丝状菌占绝对优势。

屠宰废水颗粒污泥:颗粒较小,直径 0.5～1.0 mm,为黑色不规则拟球形,表面较粗糙且松散,但活力强,产气迅猛。荧光和相差显微镜下可观察到丝状、杆状、八叠球状、短杆状及球状的产甲烷细菌。各种产甲烷菌在颗粒中呈随机分布,唯表面丝状菌分布较多,故结构虽不紧密,但较为稳定。

丙酮丁醇废水颗粒污泥:颗粒为黑灰色拟圆形,表面粗糙,沉降性能较好,但未形成颗粒的絮状物质较多。显微镜下可见到丝状、杆状和球状的产甲烷细菌,产甲烷八叠球菌偶尔可见。扫描电镜下可观察到颗粒表面以丝状菌为主和以短杆菌为主的区域,有些区域则由丝状菌、短杆菌和球菌混栖。形成的颗粒中,直径 1.0～1.2 mm 的较为紧密,2.0 mm 以上的颗粒结构较松散,呈絮粒状。

通过上述观察以及进一步的生理实验可以认识到,颗粒污泥内的菌群是颗粒形成过程中自然选择的结果。它们在生理上存在互营共生关系。厌氧水解菌、产氢产乙酸菌和产甲烷细菌在颗粒内部生长、繁殖,形成相互交错的复杂菌丛。据刘双江等的报道,厌氧污泥颗粒化提高了厌氧污泥耐乙酸的能力,UASB 反应器中颗粒污泥的乙酸抑制浓度为 4 000 mg/L,较不形成颗粒污泥的普通厌氧消化器的 2 000 mg/L 提高了 1 倍。厌氧颗粒污泥的代谢活性也较絮状污泥提高 1 个数量级。

5.3.2.3　颗粒污泥形成过程中的微生物学

乙酸营养甲烷细菌是颗粒污泥中的优势种群。在有机废水厌氧颗粒污泥中,很容易观察到甲烷索氏丝状菌和甲烷八叠球菌,在显微视野中常常形成主要的分布区域。氢营养甲烷杆菌在形成颗粒污泥过程中也有重要作用,这种细菌在生长时菌体可伸长,相互缠绕,并在生长后期形成明显菌团。颗粒污泥中,各种形态的菌处于有序的网状排列,其间有气体和基质分流的通道,使各种微生物群处于最佳的种间氢转移状态。

在颗粒污泥形成的过程中,除产甲烷细菌以外,发酵性细菌、产氢产乙酸菌也起着重要的作用。刘双江等报道,颗粒污泥形成过程中,乙酸营养甲烷菌、氢营养甲烷菌、发酵性细菌、丙酸分解菌和丁酸分解菌 5 种类型细菌的数量都有较大幅度的增加。其中氢营养型的甲烷菌增长最多,几乎达 4 个数量级,其余 4 个类群细菌数量也大致增加了 2～3 个数量级。而在颗粒污泥的稳定运行期间,污泥中仅乙酸营养甲烷菌数量增加较多,其余类群细菌的数量变化都不大。他们认为只有当污泥中各类群细菌达到一定数量并具有合适的比例后,才有可能形成颗粒污泥。而细菌类群数量上的差异可能意味着它们在颗粒污泥形成和作用的过程中功能上的不同。

赵一章等人则追踪观察了厌氧颗粒污泥形成的全过程。在酒精废水中接入活性污泥种泥,最初出现了絮状团聚物,其沉降性能差,跑泥严重。大约几天后,小颗粒大量形成,可观察到几乎全部由细菌构成的颗粒。有机负荷约 2.0 kg/(m³·d)时,颜色逐渐由黑变为黑灰色。随后的 20 d,颗粒逐渐变大,丝状菌增加较多。有机负荷为 6 kg/(m³·d)时,氢化酶的活力高达 647H₂ μmol/[mg(VSS)·10 min],较接种污泥高出 15 倍以上,跑泥现象此时已基本停止。50 d 以后,有机负荷进一步增大到 10 kg/(m³·d),形成较为均匀的黑灰色颗粒(1.2~2.0 mm),内部的微生物群已基本稳定。在实验中发现,有机负荷是形成颗粒污泥的重要因素,一般有机负荷大于 4 kg/(m³·d)才出现颗粒污泥。原因可能是营养丰富的环境中,厌氧微生物才能大量增殖,分泌出胞外多聚糖等大分子物质,形成微粒可黏结凝聚的物质基础。在颗粒污泥形成的过程中,产甲烷丝状菌起主导作用。污水中的絮状聚合体能否形成沉降性良好的颗粒,关键是甲烷丝状菌能否大量繁殖。尽管丝状菌对乙酸盐有较高的亲和力,但丝状菌倍增期很长。因此,甲烷丝状菌在颗粒污泥形成的中期才开始出现,并在随后的阶段发挥了重要的作用。表 1.4 中总结了活性污泥形成各阶段产甲烷细菌的变化情况。

UASB 反应器中厌氧颗粒污泥的外形多种多样,大多呈卵形,也有球形、棒形、丝状形及板状形的。它们的平均直径为 1 mm,一般为 0.1~2 mm,最大的可达 3~5 mm。在反应区内的分布大体为下部大,上部小。反应区底部的多以无机粒子作为核心,外包生物膜而成。无机粒子及生物膜的内层一般为黑色(可能与生化过程中形成的 FeS 沉淀有关),生物膜的表层则呈现灰白色、淡黄色以及暗绿色等。反应区上部的颗粒污泥的挥发物含量相对较高。颗粒污泥质软,有韧性及黏性。颗粒污泥的组成主要包括各类厌氧微生物、矿物质及胞外多聚物,其 VSS/SS 一般为 70%~80%。

颗粒污泥的主体是各类厌氧微生物,包括水解发酵细菌、共生的产氢产乙酸细菌和产甲烷细菌,有时还存在硫酸盐还原菌等。据测定,细菌数为 1×10¹² ~4×10¹² 个/(gVSS)。其中,常见的优势产甲烷细菌有:孙氏甲烷丝菌、马氏甲烷八叠球菌、巴氏甲烷八叠球菌等;非产甲烷细菌有丙酸盐降解菌、伴生杆菌和伴生单胞菌等。颗粒污泥中产甲烷细菌与伴生菌的比例见表 5.16。从表中可知,伴生单胞菌多于产甲烷细菌,而产甲烷细菌又多于伴生杆菌。

表 5.16　颗粒污泥中产甲烷菌与伴生菌的比例

颗粒污泥来源	产甲烷菌/伴生杆菌	产甲烷菌/伴生单胞菌
实验室 UASB 装置	2.46	0.71
生产性 UASB 装置	2.36	0.48

有关颗粒污泥中主要构造元素组成的资料不多,难以进行综合性分析比较。荷兰 6 m³ 的 UASB 反应器用污水处理厂的污泥启动,运行一年后的颗粒污泥中挥发性 C、H、N 比例分别为:C 约 40%~50%,H 约 7%,N 约 10%。我国某处理酒精废水的 UASB 反应器中,颗粒污泥的 C、H、N 组成见表 5.17。

表 5.17　颗粒污泥的 C、H、N 含量

距池底高度/m	C/%	H/%	N/%	注
0.5	33.57	4.9	7.47	占总固体的
0.0	31.78	4.64	7.00	百分含量
0.5	52.0	7.5	11.4	占挥发性固体
0.0	48.0	6.6	10.0	的百分含量

从表5.17中可以看出,0.5 m高处的颗粒污泥中N含量略高于底层。假定颗粒污泥中的N主要以微生物细胞质组分的形式而存在,则0.5 m高处的颗粒污泥中厌氧微生物的百分含量比底层污泥中稍高一些。同样,从N/C来看,0.5 m高处N/C比为11.4/52.0 = 0.219(以VSS计)和7/33.57 = 0.223(以SS计);底层则为10.0/48.0 = 0.208(以VSS计)和7/31.78 = 0.220(以SS计)。即0.5 m处的N/C比均高于相应的底层处,也表明0.5m处颗粒污泥中活性微生物含量较高,或者说0.5m处颗粒污泥灰分要比底层污泥中稍低。此外,一般细菌的N/C比平均约为1/6 = 0.17,而颗粒污泥中的N/C比均高于此平均值,表明颗粒污泥中很可能还吸附有一部分含氮高的有机悬浮固体。

颗粒污泥中的灰分,特别是FeS、Ca^{2+}等对保持颗粒污泥的稳定性仍起着重要作用。颗粒污泥中的金属元素含量见表5.18。据研究约有30%的灰分量是由FeS组成的,并在一级稀释管中观察到FeS牢固地黏附在丝状甲烷杆菌的鞘上。矿物质在颗粒污泥内的沉积并没有独特的方式,其在颗粒中的空间分布与细菌活动的局部环境有关,如在硫酸盐还原菌活动的区域,由其产生的CO_2,在碱性环境中即与废水的Ca^{2+}结合,形成较多的$CaCO_3$沉积物。此外,颗粒中的产甲烷菌和其他发酵细菌能有效地吸收培养基中的特异离子(如Ni^{2+}、Co^{2+}等)。颗粒中的无机沉积物不仅起到增加颗粒密度和在一定程度上起到稳定颗粒强度的作用,而且可能提供了细菌赖以黏附的核心或天然支持物,促进颗粒污泥的形成。

表5.18　颗粒污泥中的金属元素含量　　　　　　　　　mg/kg

距池底高度/m	Na	Ca	Mg	Fe	K	Zn	Mn	Ni
1.0	9 200	2 896	12 984	35 200	29 110	306.9	<1.5	未检出
0.5	1 700	2 140	2 926	29 600	8 000	212.8	<1.5	未检出
0.1	2 080	1 985	3 566	35 600	9 265	200.6	<1.5	未检出

对颗粒污泥中的金属元素的测定表明,金属离子的含量有两个突出特点:

(1)Fe的含量比例大。在上中下三层中,约占8种金属元素总含量的比例分别为39%,66%和68%,远远超出一般微生物的含铁比例。可见,颗粒污泥中存在着大量的非细胞物质的含铁无机沉淀物,而且越向底层,含铁量的比例越大,表明铁的化合物(硫化铁)在形成颗粒污泥时作为核心的重要性。

(2)镁含量比钙含量高,说明溶解度小的$Mg(OH)_2$比溶解度较大的$Ca(OH)_2$更易沉淀出来,充当颗粒污泥的核心。

颗粒污泥中的另一重要化学组分为胞外多聚物(即分泌在细菌细胞外的聚合物)。颗粒污泥的表面和内部,一般均可见透明发亮的黏液性物质,主要组成为聚多糖、蛋白质和糖醛酸等。胞外多聚物的含量差异很大,以胞外聚多糖为例,少的占颗粒污泥干重的1% ~2%,多的则占20% ~30%。

5.3.2.4　产甲烷活性

颗粒污泥的比产甲烷活性与操作条件和底物组成有关。废水越复杂,颗粒中的酸化菌占的比例越高,其结果是颗粒污泥的比产甲烷活性低。在30 ℃时,在未酸化的底物中培养的颗粒污泥的产甲烷活性可达到1.0 kg(COD)/[kg(VSS)·d],而对于已酸化的底物中颗粒污泥的产甲烷活性可达到2.5 kg(COD)/[kg(VSS)·d]。也有人报道过更高的产甲烷活性,例如Guiot等以蔗糖为底物,在27 ~ 29 ℃时,活性为1.3 ~2.6 kg(COD)/[kg(VSS)·d],活性的大小与微量元素的含量有关。Wiegant等人发现在

65 ℃下在乙酸和丁酸混合液中培养的颗粒污泥产甲烷活性高达7.3 kg(COD)/[kg(VSS)·d]。

　　假定产甲烷丝菌是颗粒污泥中占优势的菌并考虑到它的生长率为0.05 kg(COD)/[kg(VSS)·d]去除COD,因此能够估计产甲烷丝菌中不同的菌株的产甲烷活性(表5.19)。

表 5.19　某些产甲烷丝菌分离菌株的世代时间与比产甲烷活性

菌株	最适生长温度 /℃	世代时间 /h	比产甲烷活性 {kg(COD)·[kg(VSS)·d]$^{-1}$}
M. soehngenij Opfikon	37	82	4.1
M. soehngenij VNBF	40	23 ~ 29	11.5 ~ 14.5
M. concilii GPG	35 ~ 40	24 ~ 29	11.5 ~ 13.5
Methanothrix Sp.	60	31.5	10.6
Methanothrix Sp.	60	72	6.6

　　以废水培养的颗粒污泥的活性将总是小于表中所列的产甲烷丝菌分离株的活性,因为颗粒污泥中含有相当数量的其他非产甲烷菌、多余的胞外多聚物、不可降解的 VSS 和死细胞等物质,表5.20列出了各类废水中培养的颗粒污泥的比产甲烷活性。

表 5.20　各类废水中培养的颗粒污泥的比产甲烷活性

废水类型	温度/℃	比产甲烷活性 {kg(COD)·[kg(VSS)·d]$^{-1}$}
稀麦芽汁	25	0.85
葡萄糖溶液	35	1.2
啤酒废水	35	1.9
生活污水	30	0.02 ~ 0.04
小麦淀粉废水	35	0.55
酒精废水	32	0.60
造纸废水	27 ~ 30	0.45
土豆废水	30	1.2
造纸废水	30	0.19 ~ 0.62
动物腐肉废渣	30	0.75

　　污泥活性一般都通过测定辅酶 F_{420} 来表示。F_{420} 在由利用氢的产甲烷菌还原二氧化碳的过程中起到电子载体的作用,因此很清楚,利用氢的产甲烷菌比利用乙酸的产甲烷菌有高得多的 F_{420} 含量。因此以 F_{420} 来估计颗粒污泥活性应只限于颗粒污泥中微生物种群没有大的变化时。

　　在未酸化的废水中形成的颗粒污泥含有相当多的产酸菌。由于产酸菌生长率远大于产甲烷菌,在未酸化废水中颗粒污泥生长要快得多。但另一方而,由于产酸菌的大量存在,污泥的比产甲烷活性降低。但是由于产酸菌在不同的底物中产率不同,因此在不同性质的废水中颗粒生长的速度也不同(表5.21)。

表 5.21　中等负荷下使用不同底物时颗粒污泥的强度与活性

底物	100%蔗糖	90%蔗糖+10%葡萄糖	50%蔗糖+50%葡萄糖	10%蔗糖+90%葡萄糖	100%葡萄糖
比产甲烷活性/{g(COD)·[g(VSS)·d]$^{-1}$}	0.7	0.6	0.7	—	1.4
相对强度/%	<5	37	85	65	100

目前研究颗粒污泥中产甲烷菌的数量一般都是采用 MPN 法(国内用 MPN 法得到的不同颗粒污泥微生物的组成见表 5.22),但是 MPN 法有其局限性,因为在试验时必须把颗粒粉碎,从而破坏了颗粒内种群的相对组成结构,因此破坏或削弱了种群之间的互相反应。

表 5.22　国内用 MPN 法得到的不同颗粒污泥微生物的组成

种群	颗粒污泥细菌数/(个·mL^{-1})				
	1	2	3	4	5
发酵菌	2×10^{11}	(2.5~9.5)×10^9	3.0×10^9	4.5×10^8	3.5×10^8
产氢产乙酸菌	4.8×10^8	—	—	2.0×10^7	6.0×10^7
丙酸分解菌	—	9.5×10^6~7.5×10^7	2.5×10^8	—	—
丁酸分解菌	—	(4.5~15)×10^7	9.5×10^7	—	—
产甲烷菌	2×10^8	(7.5~40)×10^7	—	7.5×10^7	2.5×10^8
乙酸裂解产甲烷	—	—	4.5×10^8	—	—
甲酸、H$_2$/CO$_2$产甲烷	—	—	7.5×10^7	—	—

注:1—葡萄糖人工废水培养的颗粒,中温;2—葡萄糖人工废水培养的颗粒,中温;3—豆制品废水培养的颗粒,中温;4—生活污水培养的颗粒,17~25 ℃;5—啤酒废水培养的颗粒,20~25 ℃

目前国外已开始采用免疫学方法确定颗粒污泥中微生物的组成,国内尚未见到这方面的研究报道。用免疫方法可鉴别不同条件下培养的颗粒污泥中占优势的产甲烷菌。

已被鉴定出的颗粒污泥中的微生物有:典型的产甲烷菌是甲烷杆菌属、产甲烷螺菌属、甲烷毛状菌属和甲烷八叠球菌属;互营菌是互营杆菌属、互营单胞菌属;硫酸盐还原菌主要是脱硫弧菌属和脱硫洋葱状菌属等。

5.3.2.5　颗粒污泥结构模型

竺建荣等人对厌氧颗粒污泥中的产甲烷菌及厌氧颗粒结构模型进行了研究,得到了以下结论。

1. 颗粒表层的产甲烷细菌

存在于表层的产甲烷细菌主要是氢营养型类群,有产甲烷短杆菌、产甲烷杆菌、产甲烷球菌、产甲烷螺菌等。表层细菌分布的一个特点是细菌的分布有一定的"区位化",即一种产甲烷菌以成簇或成团的方式存在于一定的区域,而在另外的区域则分布着另一种产甲烷菌或发酵细菌,这种分布模式类似于"微菌落"结构。另一个特点是在表层很少见到乙酸营养型类群,包括产甲烷八叠球菌或产甲烷丝菌等。

2. 颗粒内层的产甲烷细菌

颗粒内部存在大量乙酸营养型产甲烷菌,既有产甲烷丝菌,也有产甲烷八叠球菌,而它们在颗粒表层很少见到。产甲烷丝菌是厌氧颗粒污泥中的优势种群,它们通常以成束或成捆的丝状体存在,并有活细胞和空细胞两种类型。活细胞之间的排列非常紧密。一般小于几十纳米。细胞间的黏附主要借助细胞壁的直接作用,如表面电荷的互相吸引。空细胞的出现,是由于缺乏营养自溶还是嗜菌体感染导致细胞裂解,尚待进一步研究。产甲烷八叠球菌也是厌氧颗粒污泥中的优势菌种,但是数量比产甲烷丝菌要少。

除了乙酸营养型产甲烷菌外,也观察到存在氢营养型产甲烷菌,如产甲烷短杆菌和产甲烷螺菌等。

厌氧颗粒污泥是由产甲烷细菌和其他细菌(如发酵细菌、产氢产乙酸细菌等)组成的,具有一定排列分布的团粒状结构。厌氧颗粒表层主要是氢营养型产甲烷细菌和发酵细菌,细菌的分布有一定的"区位化",即一种细菌以成簇的方式集中存在于一定的区域,而另一种细菌存在于另一区域,相互之间可能发生种间氢转移。厌氧颗粒内层主要是乙酸营养型产甲烷细菌、产氢产乙酸细菌等,其中产甲烷丝菌是优势产甲烷菌种群,它与产氢产乙酸细菌之间存在互营共生关系,通常以成束的方式存在。这种束状产甲烷丝菌构成厌氧颗粒的核心。

按照这一模型,作者认为产甲烷丝菌构成的核心是厌氧颗粒污泥形成和生长的关键。核心的形成直接与颗粒污泥的培养有关。产甲烷丝菌的细胞之间距离很近,一般小于几十纳米,因此,相互间的连接成束可能主要依赖于细胞表面的直接作用,如表面电荷的吸引,并构成厌氧颗粒的核心骨架。一旦培养条件适宜,这一骨架类似结晶过程的晶核一样,迅速网络其他类群细菌并发生互营关系,创造更加有利于自身生长繁殖的环境条件,短时间内使核心很快扩增并转化成为肉眼明显可见、粒径比较均一的厌氧颗粒污泥,大小一般在0.5 mm以上,在厌氧颗粒污泥的培养过程中观察到,污泥的颗粒化转变发生在很短的时间内(约1~2周)。随着负荷的提高,厌氧颗粒逐渐长大,最后发育为成熟的颗粒污泥。

通常乙酸营养型产甲烷菌比氢营养型计数值要低,但测定活性时厌氧颗粒污泥却表现出很高的乙酸盐或葡萄糖降解能力。这种代谢活性与计数值的反差,其原因一方面是由于乙酸营养型产甲烷丝菌生长速率较慢且细胞交联成束,另一方面是由于存在互营共生关系,可以维持较高的代谢降解速率。这也说明细菌的计数值并不能完全反映细菌的生理代谢活性。如果提供产甲烷丝菌的适宜生长工艺条件,则会有利于颗粒污泥的培养,这在生产上已有实际应用。

5.4　好氧活性污泥中的产甲烷菌

吴唯民等通过 MPN 计数试验,发现在 4 种好氧活性污泥中存在产甲烷菌,数量在10^8~10^9个/g(VSS),其中有利用 H_2/CO_2 的氢营养型产甲烷菌和既能利用乙酸盐、又能利用 H_2/CO_2 的混合营养型产甲烷菌,可能还有利用乙酸盐的乙酸盐营养型产甲烷菌。

在好氧活性污泥中存在严格厌氧的产甲烷菌的原因是由于污泥絮体内部存在厌氧核心,一般情况下,溶解氧进入絮体后很快被外层的好氧菌和兼性菌消耗殆尽,难以贯穿整个絮体,因此容易在絮体内部形成厌氧核心。在厌氧条件下生长的兼性厌氧菌和其他专性厌氧菌发酵有机物质,产生的物质主要有 H_2、CO_2 和乙酸盐等,提供了产甲烷菌必需的基质。产甲烷菌在好氧活性污泥中存在的另一个原因在于产甲烷菌的耐氧性。研究发现利用乙酸盐的索氏甲烷丝菌在较高浓度溶解氧存在的环境中生长繁殖受到抑制;但是当进入厌氧环境之后,能够恢复产甲烷活性。在曝气池中产甲烷菌受到抑制,当进入溶解氧浓度较低的二次沉淀池后,由于其他菌的耗氧作用为产甲烷菌提供了恢复活性的厌氧环境。

第6章 产甲烷菌的甲烷形成原理

6.1 产甲烷菌的甲烷形成途径

产甲烷菌能利用的基质范围很窄，有些种仅能利用一种基质，并且所能利用的基质基本是简单的一碳或二碳化合物，如 CO_2、甲醇、甲酸、乙酸、甲胺类化合物等，极少数种可利用三碳的异丙醇，这些基质形成甲烷的反应如下：

$$4H_2 + HCO_3^- + H^+ \longrightarrow CH_4 + 3H_2O$$

$$4HCOO^- + 4H^+ \longrightarrow CH_4 + 3CO_2 + 2H_2O$$

$$4CH_3OH + 4H^+ \longrightarrow 3CH_4 + CO_2 + 2H_2O$$

$$CH_3COO^- + H^+ \longrightarrow CH_4 + CO_2$$

$$4CH_3NH_3^+ \longrightarrow 3CH_4 + HCOOH + 4NH_4^+$$

$$4CO + 2H_2O \longrightarrow CH_4 + 3CO_2$$

$$4CH_3CHOHCH_3 + HCO_3^- + H^+ \longrightarrow 4CH_3COCH_3 + CH_4 + 3H_2O$$

关于由 CO_2 还原为 CH_4 的途径，Vart Niel 早在 1930 年就提出了 CO_2 通过供氢体还原转化为 CH_4 的假说。即

$$4H_2A + CO_2 \longrightarrow 4A + CH_4 + 2H_2O$$

其中 H_2A 为供氢体，这就是甲烷形成的经典理论。1967 年 Bryant 等研究证实原奥氏甲烷杆菌是由氧化乙酸产氢菌"S"菌和产甲烷杆菌 M.O.H 菌株组成的产氢和产甲烷耦联的共生培养物，从而使 Vart Niel 的这一理论获得了实验性支持。

Barker 在 1956 年指出，一种产甲烷细菌，如甲烷八叠球菌，不管是以 H_2 和 CO_2 作为底物还是以甲醇或乙酸作为底物，从不同基质产生 CH_4 的途径应该是同一的，也就是说一种细菌不可能通过多种完全不同的途径来产生专一的产物 CH_4。因而提出了由不同底物产生甲烷途径的 Barker 图式，如图 6.1 所示。后来 Wolfe 等人绘出了以循环形式表示的 Barker 图式。

1978 年 Romesser 根据当所获得的有关知识提出了 CO_2 还原为 CH_4 的机制图式，如图 6.2所示，在这个图式中把 CO_2 还原和氢酶、电子载体、甲基载体以及甲烷形成的最后步骤联系在一起了。

6.1.1 氢气和二氧化碳形成甲烷

H_2 和 CO_2 是大多数产甲烷细菌能利用的底物，在氧化 H_2 的同时把 CO_2 还原为 CH_4，这是产甲烷细菌所独有的反应。

$$4H_2 + HCO_3^- + H^+ \longrightarrow CH_4 + 3H_2O \quad \Delta G^{0'} = -131 \text{ kJ/mol}$$

在以 H_2 和 CO_2 为底物时，产甲烷菌的生长效率并不高，CO_2 基本上都转变为 CH_4 了。在

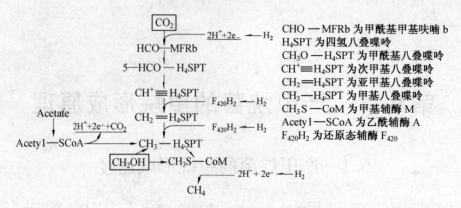

图 6.1　几种基质的产甲烷代谢模型

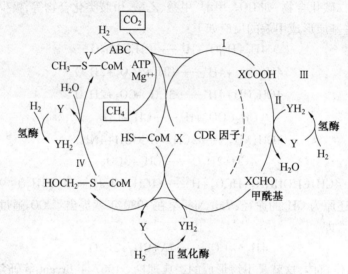

图 6.2　Romesser 提出的 CO_2 还原为 CH_4 的图式

产甲烷生态体系中,氢分压通常在 1～10 Pa 之间。在此低浓度氢状态下,利用 H_2 和 CO_2 产甲烷过程中自由能的变量为−20～−40 kJ/mol。在细胞内,从 ADP 和无机磷酸盐合成 ATP 最少需要 50 kJ/mol 自由能。因此,在生理生长条件下,产生每摩尔甲烷可以合成不到 1 mol ATP,它可作为产能的甲烷形成与吸能的 ADP 磷酸化通过化学渗透机制耦联的证据。由 H_2 和 CO_2 代谢产甲烷的途径如图 6.3 所示。具体可以分为以下几个步骤。

第一阶段:CO_2 还原为甲酰基甲基呋喃(HCO—MF)。

$$CO_2 + H_2 + MF \longrightarrow HCO—MF + H_2O \qquad \Delta G^{0'} = 16 \text{ kJ/mol}$$

氢气和二氧化碳形成甲烷的第一步为 CO_2 与甲基呋喃(MF,见图 6.4)键合,并被 H_2 还原生成中间体甲酰基甲基呋喃(HCO—MF,见图 6.5)。

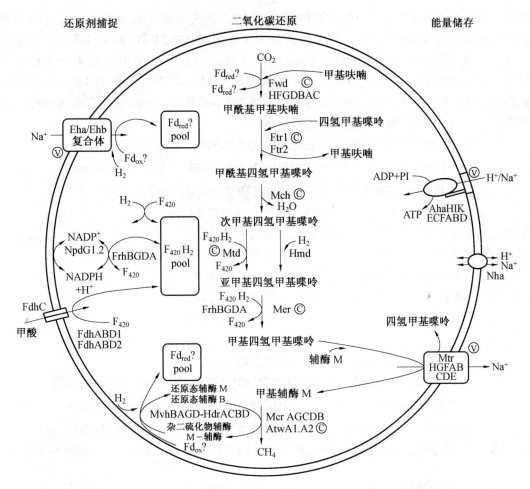

图 6.3　氢气和二氧化碳形成甲烷的途径

H_4MPT—四氢甲基喋呤；MF—甲基呋喃；F_{420}—氧化态辅酶 F_{420}；$F_{420}H_2$—还原态辅酶 F_{420}；Fd_{ox}？—未知氧化态铁氧还原蛋白；Fd_{red}？—未知还原态铁氧还原蛋白；HSCoM—还原态辅酶 M；HSCoB—还原态辅酶 B；CoMS-SCoB—杂二硫化物辅酶 M 辅酶 B；NADP+—非还原态的烟酰胺腺嘌呤二核苷酸磷酸；NADPH—还原态的烟酰胺腺嘌呤二核苷酸磷酸

图 6.4　甲基呋喃(MF)　　　　图 6.5　甲酰基甲基呋喃(HCO-MF)

　　甲基呋喃存在于产甲烷菌和闪烁古生球菌(*Archaeoglobus fulgidus*)中，是一类 C_4 位取代的呋喃基胺，至少存在五种 R 基代基不同的甲基呋喃衍生物。

　　甲酰基甲基呋喃由甲酰基甲基呋喃脱氢酶催化形成。该酶含有一个亚钼嘌呤二核苷酸作为辅基。从 *Methanobacterium thermoautotrophicum* 中分离到这种酶是由表观分子质量为 60 kD 和 45 kD 的亚基以 $\alpha_1\beta_1$ 形式构建的二聚体，每摩尔该二聚体含有 1 mol 钼、1 mol 亚钼嘌呤二核苷酸、4 mol 非亚铁血红索铁和酸不稳定硫。而从 *Methanobacterium wolfei* 中分离到两种甲酰基甲基呋喃脱氢酶,一种由表观分子质量为 63 kD、51 kD 和 31 kD 三个亚基以 $\alpha_1\beta_1\gamma_1$ 形成构建的钼酶,该酶含有 0.3 mol 钼、0.3 mol 亚钼嘌呤二核苷酸和 4~6 mol 非亚铁血红素铁和酸不稳定硫;第二种为由表观分子质量为 64 kD、51 kD 和 35 kD 三个亚基以 $\alpha_1\beta_1\gamma_1$ 三聚物形成的钨蛋白,每摩尔三聚物含有 0.4 mol 钨、0.4 mol 亚钼嘌呤鸟嘌呤二核苷酸和 4~6 mol 非亚铁血红索铁和酸不稳定硫。

第二阶段:甲酰基甲基呋喃甲酰基侧基转移到 H_4MPT 形成次甲基-H_4MPT

$$HCO-MF + H_4MPT \longrightarrow HCO-H_4MPT + MF \qquad \Delta G^{0'} = -5 \text{ kJ/mol}$$

$$HCO-H_4MPT + H^+ \longrightarrow CH\equiv H_4MPT + H_2O \qquad \Delta G^{0'} = -2 \text{ kJ/mol}$$

甲酰基甲基呋喃中的甲酰基转移给 H_4MPT(四氢甲基蝶呤,结构见图 6.6)。这个反应由甲酰基转移酶(Ftr)催化,该酶已从多个产甲烷菌和硫酸盐还原菌中分离中纯化到,该酶在空气中稳定,是一种多肽的单聚体或四聚体,表观分子质量为 32~41 kD,无发色辅基。在溶液中,Ftr 是单体、二聚体和四聚体的平衡态,单体不具有活性和热稳定性,而四聚体具有活性和热稳定性。

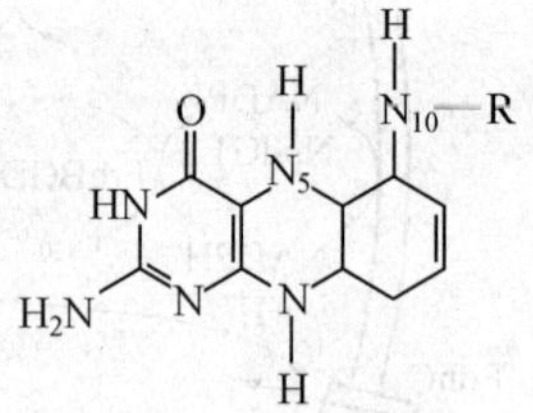

图 6.6 四氢甲基喋呤(H_4MPT)

第三阶段:次甲基-H_4MPT 还原为甲基-H_4MPT

$$CH\equiv H_4MPT^+ + F_{420}H_2 \longrightarrow CH_2\equiv H_4MPT + F_{420} + H^+ \qquad \Delta G^{0'} = 6.5 \text{ kJ/mol}$$

$$CH_2\equiv H_4MPT + F_{420}H_2 \longrightarrow CH_3-H_4MPT + F_{420} \qquad \Delta G^{0'} = -5 \text{ kJ/mol}$$

甲烷形成的第三阶段是次甲基-H_4MPT 被还原剂 F_{420} 还原为亚甲基-H_4MPT,进一步还原生成甲基-H_4MPT。次甲基-H_4MPT、亚甲基-H_4MPT、甲基-H_4MPT 的结构如图 6.7 所示。

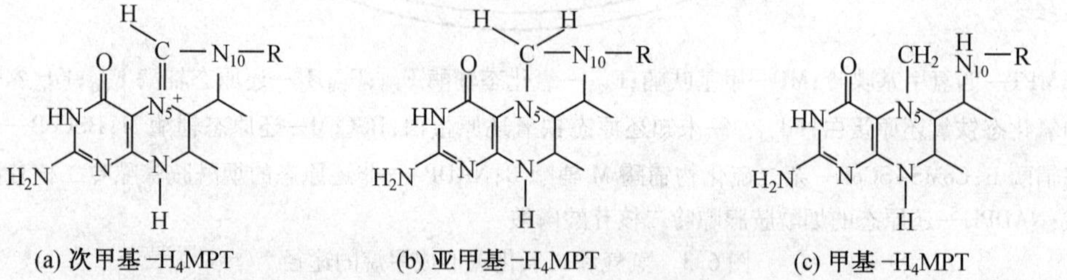

(a) 次甲基-H_4MPT　　　(b) 亚甲基-H_4MPT　　　(c) 甲基-H_4MPT

图 6.7 次甲基-H_4MPT、亚甲基-H_4MPT、甲基-H_4MPT 的结构

在这一阶段中,依赖 F_{420} 的次甲基-H_4MPT 还原反应是可逆的,由亚甲基-H_4MPT 脱氢酶催化,该酶在空气中稳定,是一种多肽均聚物,表观分子质量为 32 kD,无辅基。

在可逆的依赖 $F_{420}H_2$ 的亚甲基-H_4MPT 还原为甲基-H_4MPT 的过程是由亚甲基-H_4MPT 还原酶(Mer)催化发生的。Mer 为可溶性酶,表观分子质量为 35~45 kD,无发色辅基,在空气中稳定。该酶的一级结构与依赖 F_{420} 的乙醇脱氢酶有极大的相似性。

第四阶段:甲基-H_4MPT 上的甲基转移给辅酶 M

$$CH_3-H_4MPT + HS-CoM \longrightarrow CH_3-S-CoM + H_4MPT \qquad \Delta G^{0'} = -29 \text{ kJ/mol}$$

甲烷形成的第四阶段是甲基辅酶 M 的生成过程。研究发现分离出的转甲基酶可被 Na^+ 激活,并且在 H_2+CO_2 产甲烷过程中作为钠离子泵,这就意味着在甲基基团转移过程中产生的自由能(-29 kJ/mol)以跨膜电化学钠离子梯度($\Delta\mu Na^+$)形式储存,这个梯度可能通过 $\Delta\mu Na^+$驱动 ATP 合酶将 $\Delta\mu Na^+$作为驱动力用于 ATP 合成。

在有关转甲基反应的研究中观察到在缺少辅酶 M 时,一种甲基化类可啉物质出现积累;当加入辅酶 M 时,甲基化类可啉脱甲基。现已鉴定出这种类可啉物质是 5-羟基苯并咪唑基谷氨酰胺。从这些研究可以假设甲基-H_4MPT 上的甲基转移给辅酶 M 的过程分为两个步骤:首先甲基-H_4MPT 上的甲基侧基转移给类咕啉蛋白,接下来甲基再从甲基化的类咕啉转移给辅酶 M。甲基-H_4MPT 上的甲基转移给辅酶 M 的过程是非常重要的,是 CO_2 还原途径中的唯一一个能量转换位点。

催化整个反应的酶复合物已从嗜热自养甲烷杆菌中分离到,它由表观分子质量为 12.5 kD、13.5 kD、21 kD、23 kD、24 kD、28 kD 和 34 kD 的亚基组成,其中分子质量为 23 kD 的多肽可能是结合类可啉的多肽。每摩尔复合物古有 1.6 mol 的 5-羟基苯并咪唑基谷氨酰胺、8 mol非血红素铁和 8 mol 酸不稳定硫。

第五阶段:甲基辅酶 M 还原产生甲烷

$$CH_3\text{—}S\text{—}CoM + HS\text{—}HTP \longrightarrow CH_4 + CoM\text{—}S\text{—}S\text{—}HTP \quad \Delta G^{0'} = -43 \text{ kJ/mol}$$

甲基辅酶 M 的还原由甲基辅酶 M 还原酶催化,这个反应包括两个独特的辅酶,一个是 HS-HTP,主要作为辅酶 M 还原过程中的电子供体,用于生成甲烷和杂二硫化物(由 HS-CoM 和 HS-HTP 反应生成,CoM-S-S-HTP);另一个是 F_{430},作为发色团辅基。甲基辅酶 M 还原酶(Mcr)已从许多产甲烷菌分离纯化,该酶的表观分子质量大约是 300 kD,由 3 个分子质量为 65 kD、46 kD 和 35 kD 的亚基以 $\alpha_2\beta_2\gamma_2$ 形成排列。参与该过程的辅酶和物质的结构如图 6.8 所示。

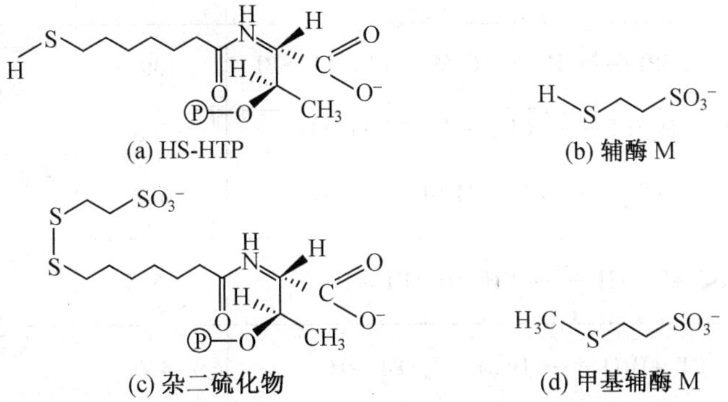

图 6.8　HS-HTP、辅酶 M、杂二硫化物、甲基辅酶 M 结构图

6.1.2　甲酸生成甲烷的途径

除氢气和二氧化碳外,产甲烷菌最常用的基质是甲酸。产甲烷菌利用甲酸生成甲烷的途径首先是甲酸氧化生成 CO_2,然后再进入 CO_2 还原途径生成甲烷。甲酸代谢过程中的关键酶是甲酸脱氧酶。该酶已从 *M.formicicum* 菌和 *M.vannielii* 菌分离纯化,研究发现来源于 *M.formicicum* 菌的甲酸脱氧酶由 2 个不确定的亚基组成,表观分子质量为 85 kD 和 53 kD 并以 $\alpha_1\beta_1$ 形式构建,每摩尔酶含有钼、锌、铁、酸不稳定硫和 1 molFAD,钼是钼嘌呤辅因子的一部分,光谱特征分析显示在黄嘌呤氧化酶中存在一个钼辅因子的结构相似体。编码甲酸

脱氢酶的基因已被克隆和测序,DNA 序列分析显示来源于 *M.formicicum* 的甲酸脱氢酶并不含有硒代半胱氨酸,与之相反,*M.vannielii* 菌中含有 2 个甲酸脱氢酶,其中一种含有硒代半胱氨酸。

6.1.3　甲醇和甲胺的产甲烷途径

可以利用甲醇或甲胺为唯一能源的菌类仅限于甲烷八叠球菌科。甲烷八叠球菌科中的甲烷球形菌属只有 H_2 存在时才可以利用含甲基的化合物。大部分的甲烷八叠球菌属的产甲烷菌既可以利用甲基化合物,也可以利用 H_2+CO_2,但甲烷叶菌属、拟甲烷球菌属和甲烷嗜盐菌属的产甲烷菌只在甲基化合物上生长。*Methanolobus siciliae* 和一些甲烷嗜盐菌属的产甲烷菌还可以利用二甲基硫化物为产甲烷基质。甲醇转化中含有的一个氧化和还原途径,反应中所涉及的酶及自由能变化见表 6.1。

表 6.1　甲醇转化过程中的反应

过程	反应	自由能 /($kJ \cdot mol^{-1}$)	酶(基因)
甲烷形成	$CH_3—OH + H—S—CoM \longrightarrow CH_3—S—CoM +H_2O$	−27.5	甲醇-辅酶 M 甲基转移酶(mtaA+mtaBC)
	$CH_3—S—CoM + H—S—CoB \longrightarrow CoM—S—S—CoB +CH_4$	−45	甲基辅酶 M 还原酶(mcrBDCGA)
	$CoM—S—S—CoB +2[H] \longrightarrow H—S—CoM + H—S—CoB$	−40	杂二硫化物还原酶(hdrDE)
CO_2 形成	$CH_3—OH + H—S—CoM \longrightarrow CH_3—S—CoM +H_2O$	−27.5	甲醇-辅酶 M 甲基转移酶(mtaA+mtaBC)
	$CH_3—S—CoM +H_4SPT \longrightarrow H—S—CoM + CH_3—H_4SPT$	30	甲基-H_4SPT-辅酶 M 甲基转移酶(mtrEDCBAFGH)
	$CH_3—OH +H_4SPT \longrightarrow CH_3—H_4SPT +H_2O$	2.5	
	$CH_3—H_4SPT +F_{420} \longrightarrow CH_2=H_4SPT +F_{420}H_2$	6.2	依赖 F_{420} 亚甲基-H_4SPT 还原酶(mer)
	$CH_2=H_4SPT +F_{420} +H^+ \longrightarrow CH\equiv H_4SPT +F_{420}H_2$	−5.5	依赖 F_{420} 亚甲基-H4SPT 脱氢酶(mtd)
	$CH\equiv H_4SPT +H_2O \longrightarrow HCO—H_4SPT +H^+$	4.6	次甲基-H_4SPT 环化水解酶(mch)
	$HCO—H_4SPT—MFR \longrightarrow HCO—MFR +H_4SPT$	4.4	甲酰基甲基呋喃-H_4SPT 甲基转移酶(ftr)
	$HCO—MFR \longrightarrow CO_2+MFR+2[H]$	−16	甲酰基甲基呋喃脱氢酶(fmdEFACDB)

甲醇的产甲烷途径可以分为以下几个阶段。

6.1.3.1　甲基的转移

甲醇的利用首先是甲基侧基转移给辅酶 M,在两种特有酶的催化下,甲基经过两个连续的反应转移给辅酶 M。首先,在 MT1(甲醇-5-羟基苯并咪唑基钴氨酰胺转甲基酶)的催化下,甲醇中的甲基基团转移到 MT1 上的类咕啉辅基基团上。然后在 MT2(钴胺素-HS-CoM 转甲基酶)作用下转移 MT1 上甲基化类咕啉的甲基基团到辅酶 M。MT_1 对氧敏感,表观分子质量为 122 kD,由 2 个分子质量分别为 34 kD 和 53 kD 的亚基以 $\alpha_2\beta$ 形式构建,每摩尔该酶含有 3.4 mol 5-羟基苯并咪唑钴氨酰胺,编码 MTl 的基因通常含有一个操纵子。MT_2 含有一个分子质量为 40 kD 的亚基,编码 MT2 的基因是单基因转录。

6.1.3.2 甲基侧基的氧化

在甲醇的转化过程中,甲基 CoM 还原为甲烷的过程与 CO_2 的还原方法相同。在氧化时,甲基 CoM 中的甲基基团首先转移给 H_4MPT。标准状态下这个反应是吸能的,并且有显示这个反应需要钠离子的跨膜电化学梯度以便驱动甲基 CoM 的吸能转甲基到 H_4MPT。甲基—H_4MPT 氧化为 CO_2 的过程经由亚甲基—H_4MPT、次甲基—$H_4MPTMPT$、甲酰基—H_4MPT 和甲酰基 MF 等中间体。分别在亚甲基—H_4MPT 还原酶和亚甲基—H4MPT脱氢酶的催化下,甲基—H_4MPT 和亚甲基—H_4MPT 氧化生成还原态的 F_{420} 因子。

6.1.3.3 甲基侧基的还原

由甲基—H_4MPT 氧化产生的还原当量接着转移到杂二硫化物。来自甲酰基 MF 的电子通道目前还不清楚,但可以假设这个电子转移与能量守恒有关。

甲基—H_4MPT 和亚甲基—H_4MPT 氧化过程中产生的 $F_{420}H_2$ 则由膜键合电子转运系统再氧化。*Methanosarcina* G_{61} 反向小泡的实验证实依赖 $F_{420}H_2$ 的 CoM—S—S—HTP 还原产生了一个跨膜电化学质子电位,这个电位驱动 ADP 和 Pi 通过膜链合 ATP 合酶生成 ATP。依赖 $F_{420}H_2$ 的 CoM—S—S—HTP 还原酶系统可分为两个反应:首先 $F_{420}H_2$ 被 $F_{420}H_2$ 脱氢酶氧化,然后电子转移到杂二硫化物还原酶,杂二硫化物还原酶在依赖 $F_{420}H_2$ 的杂二硫化物还原酶系统中起着非常重要的作用。该酶的表观分子质量为 120 kD,由 5 个多肽组成,其分子质量分别为 45 kD、40 kD、22 kD、18 kD 和 17 kD,含有 16 molFe 和 16 mol 酸不稳定硫。

利用甲基化合物的产甲烷菌通过转甲基作用形成甲基 CoM,然后该中间体被不均匀分配,1 个甲基 CoM 氧化产生 3 对可用于还原 3 个甲基 CoM 产甲烷的还原当量,该过程包括 CoM—S—S—HTP 的形成, CoM—S—S—HTP 是实际的电子受体,并且 CoM—S—S—HTP 还原与能量转换有关。

6.1.4 乙酸的产甲烷途径

在多数淡水厌氧生境中,利用有机质降解产甲烷最少需要三类相互作用的代谢群体组成的微生物共生体。第一个群体(发酵性细菌)将大分子有机物质降解为氢、二氧化碳、甲酸、乙酸和碳链较长的挥发性脂肪酸。第二个群体(产乙酸细菌)将长碳链脂肪酸氧化成氢、乙酸和甲酸。第三个群体(产甲烷菌)通过两种不同的途径利用氢、甲酸或乙酸为基质生长:一条途径利用从氢或甲酸氧化获得的电子将二氧化碳还原成甲烷;另一条途径通过还原乙酸的甲基为甲烷和氧化它的羧基为二氧化碳来发酵乙酸。

6.1.4.1 乙酸的产甲烷途径的作用

自然界产生的甲烷多数源于乙酸,而从乙酸脱甲基和还原二氧化碳产生甲烷的相对数量随其他厌氧微生物代谢群体的参与和环境条件而变化。同型产乙酸微生物氧化氢和甲酸,并使二氧化碳还原成乙酸。被称之为乙酸氧化(AOR)的非产甲烷已被前人论述,它将乙酸氧化为氢和二氧化碳。像乙酸氧化这样的微生物在厌氧环境中的存在范围还是未知的,不过它们的存在将削弱乙酸营养型产甲烷菌的相对重要性。在海相环境中,乙酸营养型硫酸盐还原菌居支配地位。因而当有硫酸盐存在时产甲烷的主要途径是二氧化碳还原和甲基化。乙酸营养型微生物生长比还原二氧化碳细菌慢得多,因而当有机物的停留时间很短时,利用乙酸的产甲烷不可能占主导地位。

6.1.4.2　乙酸产甲烷过程中的碳传递

早期的研究者认为乙酸被氧化为二氧化碳,随后被还原成甲烷。以后采用14C-标记乙酸的研究发现,多数甲烷来自于乙酸中的甲基,只有少数产生于乙酸的羧基。这就排除了二氧化碳还原理论。这些研究结果还证明甲基上的氢(氘)原子原封不动地转移到了甲烷上。进一步的研究获得的结论是:利用所有基质产甲烷(还原二氧化碳或转化其他基质的甲基)的最终步骤是一种共同的前体(X—CH₃)的还原脱甲基。多数"细菌"范畴的利用乙酸的厌氧微生物裂解乙酰辅酶,将甲基和羧基氧化二氧化碳,并还原别的电子受体。嗜乙酸产甲烷"古细菌"(Archaea)也裂解乙酸,此时甲基被从羧基氧化获得的电子还原成甲烷,因此乙酸转化成甲烷和二氧化碳是一个发酵过程。

尽管乙酸是产甲烷的重要前体物质,但仅有少数产甲烷菌种可以利用乙酸作为产甲烷基质。这些菌种主要是甲烷八叠球菌属和甲烷丝菌属,他们都属于甲烷八叠球菌科。对于这两类菌的主要区别是甲烷八叠球菌可以利用除乙酸之外的 H_2+CO_2、甲醇和甲胺作为基质;而甲烷丝菌只能利用乙酸为基质。由于甲烷丝菌属对乙酸有较高的亲和力,因此在乙酸浓度小于 1 mmol/L 时的环境中,甲烷丝菌为优势乙酸菌;但在乙酸浓度较高的环境中,甲烷八叠球菌属则生长迅速。

由乙酸形成甲烷有两种途径:

①由甲基直接生成甲烷:

$$14CH_3COOH \longrightarrow 14CH_4 + CO_2$$

由甲基直接生成甲烷是乙酸形成甲烷的一般途径,也是主要的途径。

②乙酸先氧化成 CO_2,然后 CO_2 还原成甲烷。

1. 乙酸活化和甲基四氢八叠喋呤的合成

产甲烷菌利用乙酸首先是乙酰辅酶 A 的活化。两种菌活化乙酸的酶不同,甲烷八叠球菌利用乙酸激酶和磷酸转乙酰酶,而甲烷丝菌利用乙酰基辅酶 A 合成酶。乙酸激酶由 2 个分子质量均为 53D 的相同甲基组成;磷酸转乙酰酶含有 1 个分子质量为 42D 的多肽,并且 K^+ 和铵离子可以刺激该酶的活性,催化机理是碱基催化生成-S-CoA,然后通过硫醇阴离子对乙酰磷酸中羧基 C 的亲核反应生成乙酰辅酶 A 和无机磷酸盐;乙酰基辅酶 A 合成酶含有分子质量为 73D 的亚基,对辅酶 A 的 K_m 为 48 μm。

2. 乙酰辅酶 A 的断裂

乙酰辅酶 A 的 C—C 和 C—O 断裂由一氧化碳脱氢酶-乙酰辅酶 A 的催化,CO 脱氢酶复合体催化乙酰辅酶 A 的断裂,生成甲基基团、羧基基团和辅酶 A,这些物质暂时与酶结合,接下来羧基基团氧化形成 CO_2,产生的电子转移给 $2\times[4Fe-4S]$ 铁氧还蛋白,甲基转移给 H_4SPT 生成甲烷。

Blaut 提出了乙酰辅酶 A 断裂的机理(1993),如图 6.10 所示。根据 Jablonski 等提出的机理,在 Ni-Fe-S 组分的作用下乙酰辅酶 A 断裂,且甲基和羧基键合到金属中心的活性位点上,而 CoA 则结合到Ni—Fe—S组分的其他位点上然后被释放出来。结合到金属位点上的羧基侧基被氧化为 CO_2 后释放。甲基被转移到 $Co(I)-Fe-S$ 组分上,生成甲基化的 $Co(III)$ 类咕啉蛋白。然后甲基化的类咕啉蛋白上的甲基再转移给 H_4MPT 生成甲基—H_4MPT。

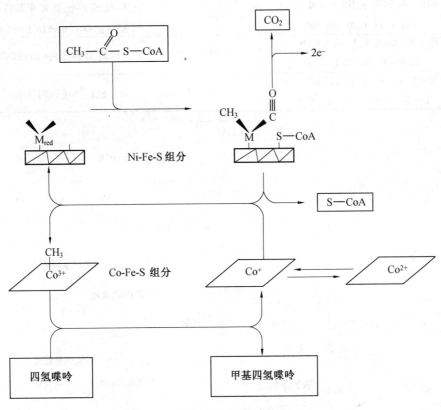

图 6.10　乙酰辅酶 A 断裂的机理

Zeikus 等(1976 年)发现,在天然沉积物中加入标记甲基的乙酸盐可以产生一些 $14CO_2$,这表明乙酸盐的甲基可以氧化成为 CO_2。在某些沉积物中可能通过一条选择性的种间氢转移途径由乙酸盐产生甲烷。在这种途径中,甲基首先被氧化成为 H_2 和 CO_2,然后 CO_2 被 H_2 还原为甲烷。羧基直接脱羧释放 CO_2,如添加氢则进一步还原生成甲烷,反应为

$$CH_3COOH+2H_2O \longrightarrow CO_2+4H_2$$
$$4H_2+CO_2 \longrightarrow CH_4+2H_2O$$

乙酸产甲烷过程中所涉及的反应见表6.2,具体途径如图6.9所示。

表 6.2　Methanosarcinales 中利用乙酸产甲烷过程中所涉及的反应及酶

反应	自由能 /($kJ \cdot mol^{-1}$)	酶(基因)
乙酸+CoA $\longrightarrow$ 乙酰—CoA+H_2O	35.7	甲烷八叠球菌属利用乙酸激酶(ack) 和磷酸转乙酰酶(pta); 鬃毛甲烷菌中为乙酸硫激酶(acs)
乙酰—CoA +H_4SPT $\longrightarrow$ CH_3—H_4SPT +CO_2+CoA+2[H]	41.3	CO 脱氢酶-乙酰辅酶 A 合酶(cdh ABCXDE)

续表6.2

反应	自由能/(kJ·mol^{-1})	酶(基因)
CH$_3$—H$_4$SPT + HS—CoM ⟶ CH$_3$—S—CoM +H$_4$SPT	−30	甲基-H$_4$SPT-辅酶M甲基转移酶(能量储存)(mtrEDCBAFGH)
CH$_3$—S—CoM + H—S—CoB ⟶ CoM—S—S—CoB +CH$_4$	−45	甲基辅酶M还原酶(mcrBDCGA)
CoM—S—S—CoB +2[H] ⟶ H—S—CoM + H—S—CoB	−40	杂二硫化物还原酶(hdrDE)

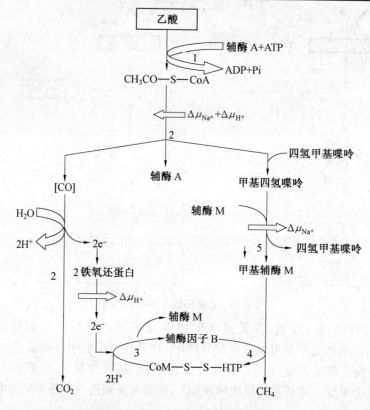

图6.9　乙酸的产甲烷和CO$_2$途径

实际上,产甲烷菌在以乙酸为基质时的生长速率较以 H$_2$+CO$_2$、甲醇或甲胺为基质时的生长速率慢,此外乙酸中两个位置不同的碳原子在甲烷形成过程中进入甲烷的转移率也不一样,向 CO$_2$ 的转移率也不一样。碳标记的乙酸利用的实验表明^{14}C 标记的甲基向甲烷的转移率为65%,是^{14}C 标记的羧基向甲烷的转移率(16%)的 4 倍多,CO$_2$ 中标记的^{14}C 向甲烷的转移率为21%。因此甲烷从各种基质中获得的碳源按以下的顺序减少:CH$_3$OH>CH$_2$>C-2乙酸>C-1乙酸,但当环境中有辅基质如甲醇存在时乙酸的代谢顺序会发生巨大变化,甲基碳的流向也会发生改变。

3. 乙酸产甲烷过程中电子转移和能源转化

产甲烷菌以乙酸和 H$_2$+CO$_2$ 为基质时,从甲基—H$_4$MPT到甲烷的途径中碳的流向相同,不同之处在于电子的流向。在以 H$_2$+CO$_2$ 为基质时,H$_2$由氢化酶活化,电子则是通过异化二硫还原酶传递；在以乙酸为基质时，产甲烷菌中的电子载体目前还不清楚。研究发现在 *M. thermophila* 中铁氧还蛋白利用纯化出来的 CO 脱氢酶传递电子给与膜有关的氢化酶，可以推测，还原态的铁氧还蛋白在膜上被氧化，这个过程主要是通过利用异化二硫化物为终端电子受体的能量转化电子传递链，但是该系统目前还未曾在实验中检测到。但是可以假设细胞色素参与到产甲烷过程的电子传递链中，因为甲烷八叠球菌属和甲烷丝菌属都含有这种膜键合的电子载体。

产甲烷菌对于不同基质利用的区别在于用于 H_2、$F_{420}H_2$ 和乙酰辅酶 A 的羧基基团反应的电子受体的不同。

6.2　甲烷形成过程中的能量代谢

6.2.1　甲烷形成过程中的电子流

6.2.1.1　产甲烷过程中的电子转移位点

产甲烷过程实际上是各种氧化状态的碳逐步接受电子被还原至碳的最高还原状态的过程，从 CO_2 还原至甲烷共有 4 个电子转移位点，如图 6.11 所示，分别位于

$$CO_2 \longrightarrow HCO—MFR$$
$$(=CH—)H_4MPT \longrightarrow CH_2=H_4MPT$$
$$CH_2=H_4MPT \longrightarrow CH_3—H_4MPT$$
$$CH_3S—CoM \longrightarrow CH_4$$

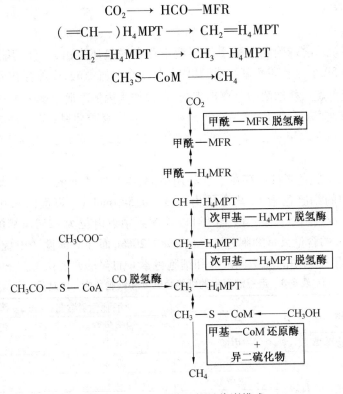

图 6.11　产甲烷菌的能量代谢模式

6.2.1.2　参与电子转移的一些酶及辅酶

1. 氢酶

在利用 H_2/CO_2 生长的产甲烷菌中存在两类氢酶，一是依赖 F_{420} 的氢酶；二是以甲基紫

精为电子受体的氢酶。两者均是Fe—S蛋白，巴克氏甲烷八叠球菌中的依赖F_{420}的氢酶和甲酸甲烷杆菌中的依赖甲基紫精氢酶都含有$[Fe_4—S_4]$簇，范尼氏甲烷球菌含有键合在分子量为42D亚基上的Se-半胱氨酸，其他氢酶上的Fe-S簇的特性尚不清楚。产甲烷菌的氢酶是一种含Ni蛋白，这与硫酸盐还原酶、氢细菌和固氮微生物的氢酶相同。

依赖F_{420}的氢酶分子量差异大，亚基组成也很不一样，内含一种黄素为辅酶（FAD或FMN），这种辅酶作为1-电子载体和2-电子载体，在1-电子载体Fe-S部分和2-电子受体F_{420}之间起着媒介作用。

2. 其他氧化还原酶

在嗜热自养甲烷杆菌、史密斯氏甲烷短杆菌、巴克氏甲烷八叠球菌和范尼氏甲烷球菌中已证实有$NADP^+:F_{420}$氧化还原酶。范尼氏甲烷球菌中的$NADP^+:F_{420}$氧化还原酶的分子量为85D，由两个相同的亚基组成，至少含有一个催化作用所必需的巯基，NAD、FMN和FAD不能替代$NADP^+$。嗜热自养甲烷杆菌中的$NADP^+:F_{420}$氧化还原酶的分子量为95D。

NADPH参与细胞内合成反应，在甲基CoM还原酶反应中起着电子供体的作用。

FAD甲酸脱氢酶、依赖F_{420}氢酶和依赖NAD的硫辛酰胺脱氢酶的辅酶，该酶催化时需要巯基。

布赖恩特氏甲烷杆菌中含有超氧化物歧化酶，该酶含有4个相同的亚基组成，主要作用是保护产甲烷菌免受氧中毒。

3. 铁氧还蛋白

在巴克氏甲烷八叠球菌和甲酸甲烷杆菌中存在铁氧还蛋白，一种功能尚不清楚，含有$[Fe_3—S_3]$簇，由59个氨基酸残基组成，其中包括8个半胱氨酸，而不存在芳香族氨基酸；另一种是从巴克氏甲烷八叠球菌中分离出来的，可以作为丙酮酸脱氢酶的电子载体，由两个相同的亚单位组成，含有7个Fe，7~8个S和8个半胱氨酸残基；第三种铁氧还蛋白含有$[Fe4:S4]$簇，可以参与甲醇:5-羟苯咪唑钴胺酰胺甲基转移酶的还原性活化。

4. 细胞色素

Kuhn等发现细胞色素仅仅存在于能利用甲醇、甲胺或乙酸的产甲烷菌中，甲烷八叠球菌含有两种类型的细胞色素b，其含量为$0.3~0.5~\mu mol/(g$膜蛋白)，中点电位分别为$-320~mV$和$-180~mV$，当生长于乙酸上时可以检测到中点电位为$-250~mV$的第三种细胞色素b。细胞色素c的含量只是细胞色素b的5%~20%，而在海洋性产甲烷菌中细胞色素c占优势。不同产甲烷菌中的细胞色素b和细胞色素c的含量见表6.3。

表6.3 产甲烷菌中的细胞色素b和细胞色素c的含量

产甲烷菌	基质	细胞色素含量（μmol/g膜蛋白）	
		细胞色素b	细胞色素c
巴氏甲烷八叠球菌	甲醇	0.30	0.024
*Fusaro*菌株	一甲胺	0.38	0.075
	二甲胺	0.27	0.019
	三甲胺	0.38	0.016
	乙酸	0.50	n.d
	H_2/CO_2	0.42	n.d

续表 6.3

产甲烷菌	基质	细胞色素含量（μmol/g 膜蛋白）	
		细胞色素 b	细胞色素 c
液泡甲烷八叠球菌	甲醇	+++	+
嗜热甲烷八叠球菌	甲醇	+++	+
马氏甲烷八叠球菌	甲醇	0.27	n. d
索琴氏甲烷丝菌	乙酸	0.14	0.12
嗜甲基甲烷拟球菌	三甲胺	0.007	0.306
蒂旦里甲烷叶菌	甲醇	0.016	0.189

6.2.2 甲烷形成过程中的能量释放

产甲烷菌以 H_2/CO_2、甲醇、甲酸、乙酸、异丙醇为基质形成甲烷时释放的自由能见表 6.4。以 H_2/CO_2 为基质和以甲酸为基质生成 1 mol 甲烷所释放的能量几乎相等,而以乙酸为基质时则相当低。由 ADP 和无机磷酸合成 ATP 所需的能量约为 31.8 ~ 43.9 kJ/mol,以 H_2/CO_2,甲酸 CO 为基质形成 1 mol 甲烷所释放的能量足够合成 3 molATP。

表 6.4 甲烷形成中的能量释放

反 应	$\Delta G^{0'}/(kJ \cdot mol^{-1})$
$4H_2 + CO_2 \longrightarrow CH_4 + 2H_2O$	−131
$4HCOO^- + 4H^+ \longrightarrow CH_4 + 3CO_2 + 2H_2O$	−119.5
$4CO + 2H_2O \longrightarrow CH_4 + 3CO_2$	−185.5
$4CH_3OH \longrightarrow 3CH_4 + CO_2 + 2H_2O$	−103
$4CH_3NH_3^+ + 2H_2O \longrightarrow 3CH_4 + CO_2 + 4NH_4^+$	−74
$2(CH_3)_2NH_2^+ + 2H_2O \longrightarrow 3CH_4 + CO_2 + 2NH_4^+$	−74
$4(CH_3)_3NH^+ + 6H_2O \longrightarrow 9CH_4 + 3CO_2 + 4NH_4^+$	−74
$CH_3COO^- + H^+ \longrightarrow CH_4 + CO_2$	−32.5
$4CH_3CHOHCH_3 + HCO_3^- + H^+ \longrightarrow 4CH_3COCH_3 + CH_4 + 3H_2O$	−36.5

6.2.3 甲烷形成过程中的能量要求

Gunsalus 等(1978),当在嗜热自养甲烷杆菌的提取液中不加入外源性 ATP 时仅有 191 nmol 甲烷;当加入 50 nmol 外源性 ATP 时,甲烷的生成量为 924 nmol,除去内源性 ATP 所形成的甲烷背景值后可以发现甲烷净增加了 773 nmol。另外当用理化方法除去内源性 ATP 经培养后发现没有甲烷形成;当加入 1 μmolATP 后,每毫克酶蛋白质每小时生成 465 nmol 甲烷。

Kell 等(1981)提出 ATP 起到的作用主要有以下几种:①阻拦质子泄漏;②通过水解而随后缓慢地重新合成以创造一个高能量的膜状态,这种高能的膜状态是动力学需要;③ATP 起着嘌呤化、磷酸化酶或辅因子的作用。现在实验已经证实,ATP 在产甲烷过程中起到的只是催化的作用,即需要一定量的 ATP 启动和催化,在启动和催化之后,更高浓度的 ATP 对于甲烷的形成没有更大的促进作用。ATP 的催化作用必须有 Mg^{2+} 的存在,结合成 $ATP-Mg^{2+}$ 复合物后参与产甲烷过程,Mg^{2+} 的适宜浓度为 30 ~ 40 mmol/L,当除去反应体系中的 Mg^{2+} 形成的甲烷量大大减少,其他二价阳离子如 Mn^{2+}、Fe^{2+}、Ni^{2+}、Co^{2+} 或 Zn^{2+} 替代同浓度的 Mg^{2+} 后,其效率分别为同浓度 Mg^{2+} 的 86%、28%、20.5%、25.4% 和 17.3%。

其他磷酸核苷在某种程度上也可以替代 ATP 的催化作用，GTP、UTP、CTP、ITP、ADP、dATP 的效率分别为 ATP 的 42%、58%、61%、11%、49% 和 38%。

6.3 沼气技术

6.3.1 沼气技术概论

6.3.1.1 我国沼气技术发展历程

沼气在我国的应用有一个多世纪的历史，发展历程可以分为 4 个阶段。

1. 20 世纪 30 年代

沼气早期被称为瓦斯，沼气池被称为瓦斯库。在 19 世纪 80 年代末，广东潮梅一带民间就已经开始了制取瓦斯的试验，到 19 世纪末出现了简陋的瓦斯库，并初步总结了制取瓦斯的经验。由于当时的沼气池过于简陋，产气率低，因此没有得到推广应用。我国真正意义上的沼气研究和推广始于 20 世纪 30 年代，代表人物主要有台湾省新竹县的罗国瑞和汉口的田立方。罗国瑞在 20 世纪初期就开始了天然瓦斯库的研究和试验工作，在 20 年代研制出了我国第一个较完备且具有实用价值的瓦斯库，于 1929 年在广东汕头市开办了我国第一个推广沼气的机构——汕头市国瑞瓦斯汽灯公司。1933 年开始了沼气技术人员的培训工作，并编写了培训教材《中华国瑞天然瓦斯库实习讲义》。田立方在 1930 年左右成功设计了带搅拌装置的圆柱形水压式和分离式两种天然瓦斯库，由于瓦斯库应用效果较好，因此于 1933 年左右开办了汉口天然瓦斯总行，在总行内设立了研究机构——汉口天然瓦斯灯技术研究所和人员培训机构——天然瓦斯传习所，并于 1937 年主持编写了《天然瓦斯灯制造法全书》，全书共有《材料要论》《造库技术》《工程设计》和《装置使用》4 个分册。

2. 20 世纪 50 年代

武昌办沼气的经验经新闻报道后在全国产生了巨大的影响，因此 1958 年上半年农业部举办了全国沼气技术培训班。1958 年 4 月 11 日，毛主席视察武汉地方工业展览馆参观沼气应用的展览时，发出了"这要好好推广"的指示。此后全国大多数省（市）、县基本上都建造了沼气池。但是由于操之过急，忽视了建池的质量，并且缺乏正确的管理，当时所建的数十万沼气池大多都废弃了。

3. 20 世纪 70 年代

70 年代末期由于农村生活燃料的缺乏，在河南、四川等的农村掀起了发展沼气的热潮，并传遍了全国。几年时间内累计修建户用沼气池 700 万个，但修建的沼气池的平均使用寿命只有 3~5 年，到 70 年代后期就有大量的沼气池报废。

4. 20 世纪 80 年代以后

在以上三次沼气推广中，人们对沼气技术的认识只停留在利用其解决燃料短缺的层面上，建沼气池的出发点大多是为了获取燃料用于点灯做饭，也就是说只是认识到沼气技术作为能源的价值。对沼气技术更深层次的认识和更大范围的应用始于 20 世纪 80 年代。20 世纪 80 年代以后沼气技术的发展主要有以下几个特点。

（1）有了可靠的技术保障。农业部组织了专门的研究机构——农业部沼气科学研究所,1980年又组织成立了中国沼气学会,一些高校如首都师范大学、哈尔滨工业大学等陆续开展了沼气技术的研究和人员培养工作,经过广大科技工作者的努力,在沼气发酵微生物学原理和沼气发酵工艺方面取得了重大的研究进展。

(2)沼气池池型和沼气发酵原料有了很大的发展和变化。在池型方面,在传统的圆筒形沼气池的基础上,研究出了许多高效实用的池型,如曲流布料沼气池、强回流沼气池、预制板沼气池等。沼气发酵原料方面,原料实现了秸秆向畜禽粪便的转变,解决了利用秸秆作为原料存在出料难、易结壳等难题。

6.3.1.2　沼气技术的作用

1.缓解化石能源供应的压力

随着我国国民经济持续快速的发展,一些能源消耗行业呈现快速增长的势头,使得能源需求明显扩大、价格不断上升,局部地区出现了能源供应紧张的情况。因此在这种情况下,加大沼气等生物能源的开发利用应该成为缓解我国能源供应压力的一个重要途径。

沼气作为可再生的清洁能源,既可以替代秸秆、薪柴等传统生物质能源,也可以替代煤炭等商品能源,而且能源效率明显高于秸秆、薪柴、煤炭等。根据2006年国家发展委员会制定的《可再生能源中长期发展规划》,2010年我国沼气年利用量要达到190亿 m^3,到2020年达到443亿 m^3。

2.改善农民生活环境及卫生条件

发展户用沼气,可以做到猪进圈、粪进池、沼渣沼液进地,从而显著改善农民的居住环境和卫生状况。发展农村沼气,对人畜粪便进行无害化、封闭处理,消灭、阻断传染源,切断疫病传播途径,把卫生问题解决在家居、庭院和街区之内。

3.控制局部地区环境污染

地区环境污染主要是指养殖场粪污废水,在我国许多地区养殖业排放的高浓度有机废水对环境造成的污染已成为影响当地环境质量的重要因素。随着养殖业的快速发展,我国畜禽粪便的产生量很大,畜禽粪便的化学需氧量(COD)的含量已达7 118万 t,远远超过工业废水与生活废水 COD 排放量之和。另外畜禽养殖场的污水中含有大量的污染物质,如猪粪尿和牛粪尿混合排出物的 COD 值分别高达81 000 mg/L 和36 000 mg/L,蛋鸡场冲洗废水的 COD 为43 000～77 000 mg/L,NH_3—N 的浓度为2 500～4 000 mg/L。由于养殖场所排放的污水是一种高浓度有机废水,所以适合采用厌氧生物技术进行处理。通过养殖场沼气工程的建设,在产出清洁燃料的同时,还可以使养殖场粪污废水达标排放,从而可以显著地改善当地的环境质量。

4.促进农业生态环境的改善

在促进农业生态环境改善方面,沼气技术可以发挥以下几个方面的功能。

(1)保护森林资源,减少水土流失。目前我国广大农村地区,尤其是中西部地区,农村生活用能仍以林木、柴草和秸秆等生物质能源为主,因此有大量的植被被消耗和破坏。例如,贵州省每年烧柴450万 m^3,占林木砍伐总量的50%以上。通过推广沼气技术,以沼气代替薪柴,能够有效缓解森林植被被大量砍伐的现状。

(2)生产有机肥和杀虫剂,降低农药和化肥污染。农村沼气的开发利用,可以有效地解决燃料和肥料问题,减少农药化肥的污染。

(3)无害化处理畜禽粪便和生活污水,防治农村面源污染。目前,由于农田径流水、生活污水和养殖污水等造成的面源污染相当严重,通过沼气发酵处理可以显著地降低废水中有机质的含量,改善排放废水的水质。

6.3.2 农村户用沼气池

目前亚洲各国农村户用沼气池推广应用情况差别很大,大体可以分为三类:一是发展情况好的国家,包括中国、印度和尼泊尔,这些国家有成熟的技术、完整的技术推广体系,产业市场也基本形成;二是越南,已经制订周密的推广计划,正在实施,通过政府宣传,多数农民已经了解沼气技术的作用和好处;三是柬埔寨、老挝等国家,沼气技术推广应用才刚刚起步。

中国是世界上推广应用农村户用沼气技术最早的国家,20世纪90年代以来,在发酵原料充足、用能分散的中国农村地区,户用沼气建设发展迅速,为中国农村能源、环境和经济的可持续发展作出了贡献。1996年全国农村户用沼气为489.12万户,经过推广应用,到2003年发展到1 228.60万户,以年均14.06%的速度增加。1996年和2003年农村户用沼气产气量分别为158 644万 m^3 和460 590.27万 m^3 ,折标准煤113.0万t和330.21万t。

6.3.2.1 农村户用沼气池设计原则

合理的设计,可以节约材料、省工省时,是确保修建沼气池成功的关键。设计沼气池的主要原则如下。

(1)技术先进,经济耐用,结构合理,便于推广。

(2)在满足发酵工艺要求,有利于产气的情况下,兼顾肥料、卫生和管理等方面的要求,充分发挥沼气池的综合效益。

(3)因地制宜,就地取材,力求沼气池池形标准化、用材规范化、施工规范化。

(4)考虑农村修建沼气池面广量大,各地气候、水文地质情况不一,既要考虑通用性,又要照顾区域性。

总之,户用沼气池的设计关键就是要使设计出来的沼气池有利于进出料,有利于沼气池的管理,有利于提高产气率和提高池温。实践经验证明,沼气池的结构要"圆"(圆形池)、"小"(容积小)、"浅"(池子深度浅);沼气池的布局,南方多采用"三结合"(厕所、猪圈、沼气池),北方多采用"四位一体"(厕所、猪圈、沼气池、太阳储温棚)。

6.3.2.2 农村户用沼气池设计参数的确定

1. 气压

农村户用沼气池,主要用于农户生产沼气,一般用于炊事和照明,沼气产量较多的农户,除炊事和照明外,还可以用作淋浴、冬季取暖、水果和蔬菜保鲜等诸多用途,其沼气气压和气流量的设计,应根据产气源到用气点的距离、用气速度等来确定输气管的大小。但是,作为大众用的农村户用沼气池,这样就会比较复杂,很难达到定型和通用的目的。根据目前全国各地农村沼气池的选址调查,大多数沼气池都建于畜禽圈栏旁边和靠近圈栏,甚至有的地区建在畜禽圈栏内(上为畜禽圈栏,下为沼气池),利用气点都比较近,一般在20 m以内。因此,农村户用沼气池的设计气压一般为2 000~6 000 Pa比较适合。

2. 产气率

产气率是指每立方米沼气池24 h产沼气的体积,常用 $m^3/(m^3 \cdot d)$ 表示。农村户用沼气池产气率的高低,一般与沼气池的池形没有明显的直接关系,而是与发酵温度、原料的浓度、搅拌、接种物多少、技术管理水平等有关。当这些条件不同时,产气率也不同。根据经验,农村户用沼气池,在常温条件下,以人畜粪便为原料,其设计产气率为 0.20 ~ 0.40 $m^3(m^3 \cdot d)$。

3. 容积

沼气池设计的一个重要问题就是容积确定。沼气池池容设计过小,如果农户人畜禽粪便比较充裕,则不能充分利用原料和满足用户的要求。如果设计过大,若没有足够的发酵原料,使发酵原料浓度过低,将降低产气率。因此,沼气池容积的确定主要是根据用户发酵原料的丰富程度和用户用气量的多少而定。我国农村户用沼气池,每人每天用气量为 0.3 ~ 0.4 m^3,那么 3 ~ 6 口人之家,沼气池建造容积 6 ~ 10 m^3。

4. 贮气量

户用水压式沼气池是通过沼气产生的压力把大部分发酵料液压到出料间,少量的发酵料液压到进料管而储存沼气的。浮罩池由浮罩的升降来储存沼气。贮气容积的确定和用户用气的情况有关。养殖专业户沼气池的设计贮气量应按照 12 h 产沼气量设计。

5. 投料量

沼气池设计投料量,主要考虑料液上方留有贮气间,是贮存沼气的地方。投料量的多少,以不使沼气从进出料间排除为原则。一般来说,沼气池设计投料量,一般为沼气池池容的 90%。

6.3.2.3　户用沼气池的启动

沼气池的启动是指在新建成的沼气池或者已经出料的沼气池中,从向沼气池内投入原料和接种物起,到沼气池能够正常稳定产生沼气为止的这个过程。

我国农村户用沼气池,普遍采用半连续沼气发酵工艺,它的启动可以按照下面的步骤逐步展开。

1. 发酵原料的处理与配料

各种粪便用作沼气发酵原料时,一般不需要进行任何处理就可以下沼气池,但玉米秆、麦秸、稻草等植物性原料表皮上部有一层蜡质,如果不堆闷处理就下沼气池,水分不易通过蜡质层进入秸秆内部,纤维素很难腐烂分解,不能被产甲烷菌利用,而且会造成浮料或结壳现象。为了加快原料的发酵分解,提高沼气的产气量,要对各种作物秸秆等植物性原料做好预处理。

我国农村沼气发酵的一个明显特点就是采用混合原料(一般为农作物秸秆和人畜粪便)入池发酵。因此,根据农村沼气原料的来源、数量和种类,采用科学适用的配料方法是很重要的。配料、原料在入池前,应按下列要求配料。

(1)浓度。

发酵料液浓度是指原料的总固体(或干物质)质量占发酵料液质量的百分比。南方各省夏天发酵原料的浓度以 6% 为宜,冬天以 10% 为宜;北方地区,沼气最佳发酵时间一般在 5 ~ 10 月,浓度为 6% ~ 11%。不同季节投料量不同,初始浓度低些有利于启动、早产气、早用气、早用肥。按 6% 的浓度,每立方米池容需投入鲜人粪、鲜畜粪 300 ~ 350 kg,水(包括接种物)650 ~ 700 kg;按 8% 的浓度,每立方米池容需投入鲜人粪、鲜畜粪 430 ~ 470 kg,水 530 ~ 570 kg,其中接种物占 20% ~ 30%。

(2)碳氮比值。

正常沼气发酵要求一定的原料碳氮比,比较适宜的碳氮比值是(20 ~ 30):1。

2. 投料

新料或大换料的沼气池经过一段时间的养护,试压后确定不漏气不漏水,即可投料。将准备好的粪类原料、接种物和水按比例投入池内,并且入池后原料要搅拌均匀。

3. 调节酸碱度

产甲烷菌的适宜环境是中性或者微碱性的,适宜的 pH 值为 6.8 ~ 7.4。当发酵液的 pH 值降到 6.5 以下时,需要重新接入大量接种物或老发酵池中的发酵液,也可以加入草木灰或者石灰水调节。

4. 封池

将蓄水圈、活动盖底及周围清扫干净后,将石灰胶泥铺在活动盖口表面,将活动盖放在胶泥上,使得活动盖与蓄水圈之间的缝隙均匀,然后插上插销,加水密封。

5. 放火试气

当沼气压力表上的压力读数达到 4 kPa 时,应该放火试气。当放气 2 ~ 3 次以后,沼气即可以点燃使用。

6.3.3　沼气工程

6.3.3.1　定义及分类

1. 沼气工程的定义

沼气工程(biogas engineering)是以规模化厌氧消化为主要技术,集污水处理、沼气生产、资源化利用为一体的系统工程。

沼气工程最初是指以粪便、秸秆等废弃物为原料以沼气生产为目标的系统工程。我国的沼气工程建设始于 20 世纪 60 年代,经过半个多世纪的发展,沼气工程从最初的单纯追求能源生产,拓展为以废弃物厌氧发酵为手段、以能源生产为目标,最终实现沼气、沼液、沼渣的综合利用。

2. 沼气工程的分类

根据沼气工程的单体装置容积、总体装置容积、日产沼气量和配套系统的配置 4 个指标将沼气工程分为大型、中型和小型三类,分类标准见表 6.5。

表 6.5　沼气工程规模分类指标

工程规模	单体装置 /m³	总体装置容积 /m³	日产沼气量 /m³	配套系统的配置/m³
大型	≥300	≥1 000	≥300	完整的发酵原料的预处理系统;沼渣、沼液综合利用或进一步处理系统;沼气净化、储存、输配和利用系统
中型	300>V≥50	1000>V≥100	≥50	发酵原料的预处理系统;沼渣、沼液综合利用或进一步处理系统;沼气储存、输配和利用系统
小型	50>V≥20	100>V≥50	≥20	发酵原料的计量、进出料系统;沼渣、沼液综合利用或进一步处理系统;沼气储存、输配和利用系统

沼气工程规模分类指标中的单体装置容积指标和配套系统的配置系统的配置为必要指标,总体装置容积指标与日产沼气量指标为择用指标。沼气工程规模分类时,应同时采用两

项必要指标和两项择用指标中的任意指标加以界定。

根据沼气工程的运行温度、进料方式、发酵料液状态和装置类型,沼气工程又可分为不同类型,见表6.6。

表 6.6　沼气工程的分类

分类依据	工艺类型	主要特征
发酵温度	常温发酵型	发酵温度随气温的变化而变化,产气量不稳定
	中温发酵型	28～38 ℃,沼气产量高,转化效率高
	高温发酵型	48～60 ℃,有机质分解速度快,适用于有机废物和高浓度有机废水的处理
进料方式	批料发酵	一批料经一段时间的发酵后,重新换入新料。可以观察发酵产气的全过程,但不能均衡产气
	半连续发酵	正常的沼气发酵,当产气量下降时,开始小进料,之后定期补料和出料,能均衡产气,实用性强
	连续发酵	沼气发酵正常运转后按一定的负荷量连续进料或进料间隔很短,能均衡产气,运转效率高
发酵料液状态	液体发酵	干物质含量在10%一下,存在流动态的液体
	固体发酵	干物质含量在20%左右,不存在流动态的液体
	高浓度发酵	发酵浓度在液体发酵和固体发酵之间,适宜浓度为15%～17%
装置类型	常规发酵	发酵装置内没有固定或截留活性污泥的措施,效率受到一定的限制
	高效发酵	发酵装置内有固定和截留活性污泥的措施,产气率、转化效果、等均较好

大中型沼气工程与农村户用沼气池从设计、运行管理、沼液出路等方面都有诸多不同,其主要区别见表6.7(黎良新,2007)。

表 6.7　大中型沼气工程与农村户用沼气池的比较

	农村户用沼气池	大中型沼气工程
用途	能源、卫生	能源、环保
动力	无	需要
配套设施	简单	沼气净化、储存、输配、电气、仪表控制
建筑形式	地下	大多半地下或地上
设计、施工	简单	需要工艺、结构、电气与自控仪表配合
运行管理	不需专人管理	需专人管理

6.3.3.2　沼气工程的设计原则

(1)沼气工程的工艺设计应根据沼气工程规划年限、工程规模和建设目标,选择投资省、占地少,工期短、运行稳定、操作简便的工艺路线。做到技术先进、经济合理、安全实用。沼气工程工艺设计中的工艺流程、构(建)筑物、主要设备、设施等应能最大限度地满足生产和使用需要,以保证沼气工程功能的实现。

(2)工艺设计应在不断总结生产实践经验和吸收科研成果的基础上,积极采用经过实践证明行之有效的新技术、新工艺、新材料和新设备。

(3)在经济合理的原则下,对经常操作且稳定性要求较高的设备、管道及监控系统,应尽可能采用机械化、自动化控制,以方便运行管理,降低劳动强度。

(4)工艺设计要充分考虑邻近区域内的污泥处置及污水综合利用系统,充分利用附近的农田,同时要与邻近区域的给水、排水和雨水的收集、排放系统及供电、供气系统相协调,工艺设计还要考虑因某些突发事故而造成沼气工程停运时所需的措施。

6.3.3.3 沼气工程的工艺流程

工艺流程是沼气工程项目的核心,要结合建设单位的资金投入情况、管理人员的技术水平、所处理物料的水质水量情况确定,还要采用切实可行的先进技术,最终要实现工程的处理目标。要对工艺流程进行反复比较,确定最佳的和适用的工艺流程。

一个完整的沼气发酵工程,无论其规模大小,都应包括如下工艺流程:原料(废水等)的收集、原料的预处理、厌氧消化、厌氧消化液的后处理、沼气的净化、储存和输配以及利用等环节。

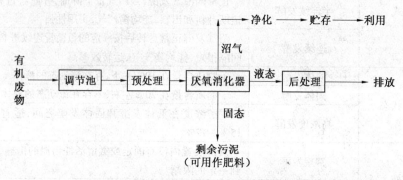

图 6.12　沼气工程的基本流程

1. 原料(废水等)的收集

原料的供应是沼气发酵的基础,在畜禽场设计时应根据当地的条件合理的安排废物的收集方式及集中地点,以便进行沼气发酵处理。因为原料收集的时间一般比较集中,而消化器的进料通常在一天内均匀分配,因此收集起来的原料一般要进入调节池贮存,在温暖的季节,调节池兼有酸化作用,可以显著改善原料性能,加速厌氧消化。

2. 调节池

由于厌氧反应对水质、水量和冲击负荷较为敏感,所以对工业有机废水处理的设计,应考虑适当尺寸的调节池以调节水质、水量,为厌氧反应稳定运行提供保障。调节池的主要作用是均质和均量,还可考虑兼有沉淀、混合、加药、中和和预酸化等功能。在调节池中考虑沉淀作用时,其容积设计应扣除沉淀区的体积;根据颗粒化和 pH 调节的要求,当废水碱度和营养盐不够而需要补充碱度和营养盐(N、P)等时,可采用计量泵自动投加酸、碱和药剂,并通过调节池中的水力或机械搅拌以达到中和作用。

3. 原料的预处理

原料中常混有畜禽场的各种杂物,如牛粪中的杂草、鸡粪中的鸡毛沙粒等,为了便于泵输送、防止发酵过程中发生故障、减少原料中的悬浮固体含量,在进入消化器前要对原料进行升温或降温处理等预处理。有条件的可以采用固液分离装置将固体残渣分出用作饲料。

一般预处理系统包括粗格栅、细格栅或水力筛、沉沙池、调节(酸化)池、营养盐和 pH 调控系统。格栅和沉沙池的目的是去除粗大固体物和无机的可沉降固体。为了使各种类型厌氧消化器的布水管免于堵塞,格栅和沉沙池是必需的,当污水中含有沙砾等不可生物降解的固体时,必须考虑并设计性能良好的沉沙池,因为不可生物降解的固体在厌氧消化器内的积累会占据大量的池容。反应器池容的不断减少将使厌氧消化系统的效率不断降低,直至完全失效。

4. 消化器

厌氧消化是整个系统的核心步骤,微生物的生长繁殖、有机物的分解转化、沼气的生产均是在该环节进行,选择合适的消化器及关键参数是整个沼气工程设计的重点。

(1)厌氧消化器类型。

根据原料在消化器内的水力停留期(HRT)、固体污泥停留期(SRT)和微生物停留期(MRT)的不同,可将消化器分为三大类,见表6.8。

表6.8 消化器类型

类型	滞留期特征	厌氧消化工艺举例
I 常规型	MRT＝SRT＝HRT	常规消化、连续搅拌、塞流式
II 污泥滞留型	(MRT 和 SRT)≥HRT	厌氧接触、上流式厌氧污泥、升流式固体床、折流式、内循环
III 附着膜型	MRT≥(SRT 和 HRT)	厌氧滤器、流化床、膨胀床

注:HRT 为水力停留时间,SRT 为固体停留时间,MRT 为微生物停留时间

在一定的 HRT 条件下,如何尽量延长 SRT 和 MRT 是厌氧消化水平提高的主要研究方向,根据所处理废弃物理化性质的不同,采用合适的消化器,是大中型沼气工程提高科技水平的关键。

(2)厌氧消化器设计关键参数。

厌氧消化器设计的关键参数主要有水力滞留时间、有机负荷、容积负荷、污泥负荷、消化器容积等。

①水力停留时间(HRT)。水力停留时间对于厌氧工艺的影响是通过流速来表现的。一方面,高流速将增加系统内的扰动,从而增加了生物污泥与物料之间的接触,有利于提高消化器的降解率和产气率;另一方面,为了保持系统中有足够多的污泥,流速不能超过一定的限值。在传统的 UASB 系统中,上升流速的平均值一般不超过 0.25 m/s,而且反应器的高度也受到限制。

②有机负荷。有机负荷指每日投入消化器内的挥发性固体与消化器内已有挥发性固体的质量之比,单位为 kg/(kg·d)。有机负荷反映了微生物之间的供需关系,是影响污泥增长、污泥活性和有机物降解的重要因素,提高有机负荷可加快污泥增长和有机物降解,也可使反应器的容积缩小。对于厌氧消化过程来讲,有机负荷对于有机物去除和工艺的影响尤为明显。当有机负荷过高时,可能发生甲烷化反应和酸化反应不平衡的问题。有机负荷不仅是厌氧消化器的重要设计参数,也是重要的控制参数。对于颗粒污泥和絮状污泥反应器,它们的设计负荷是不相同的。

③容积负荷。容积负荷为 1 m³ 消化器容积每日投入的有机物(挥发性固体 VS)质量,单位为 kg/(m³·d)。在不同消化温度下,消化器的容积负荷见表6.9。

表 6.9 消化器的容积负荷

消化温度/℃		8	10	15	20	27	30	33	37
容积负荷	最小	0.25	0.33	0.50	0.65	1.00	1.30	1.60	2.50
/[kg·(m³·d)⁻¹]	最大	0.35	0.47	0.70	0.95	1.40	1.80	2.30	3.50

④污泥负荷。污泥负荷可由容积负荷和反应器污泥量来计算得到。采用污泥负荷比容积负荷更能从本质上反映微生物代谢同有机物的关系。特别是厌氧反应过程,由于存在甲烷化反应和酸化反应的平衡关系,采用适当的污泥负荷可以消除超负荷引起的酸化问题。

在典型的工业废水处理工艺中,厌氧过程采用的污泥负荷率是 $0.5 \sim 1.0$ g(BOD)/[(g 微生物)·d],它是一般好氧工艺速率的 2 倍,好氧工艺通常运行在 $0.1 \sim 0.5$ g(BOD)/[(g 微生物)·d]。另外,因为厌氧工艺中可以保持比好氧系统高 $5 \sim 10$ 倍的 MLVSS 浓度(混合液挥发性悬浮固体浓度),所以厌氧容积负荷率通常比好氧工艺大 10 倍或以上,即厌氧工艺为 $5 \sim 10$ kg/(m³·d),好氧工艺为 $0.5 \sim 1.0$ kg/(m³·d)。

⑤消化器容积。容积负荷与有机负荷是消化器容积设计的主要参数。

消化器容积可按消化器投配率来确定。首先确定每日投入消化器的污水或污泥投配量,然后按下式计算消化器污泥区的容积。

$$V = \frac{10 \times V_n}{P}$$

式中　V——消化器污泥容积,m³;

　　　V_n——每日需处理的污泥或废液体积,m³/d;

　　　P——设计投配率,%/d,通常采用 5%/d~12%/d。

(3)厌氧消化器的排泥。

厌氧消化器排泥管道设计要点:

①剩余污泥排泥点以设在污泥区中上部为宜。

②矩形池排泥应沿池纵向多点排泥。

③对一管多孔式布水管,可以考虑进水管作排泥或放空管。

④原则上有两种污泥排放方法:在所希望的高度处直接排放或采用泵将污泥从反应器的三相分离器的开口处泵出,可与污泥取样孔的开口一致。

一般来讲,随着反应器内污泥浓度的增加,出水水质会得到改善。但是很明显,污泥超过一定高度时将随出水一起冲出反应器。因此,当反应器内的污泥达到某一预定最大高度之前建议排泥,一般污泥排放应该遵循事先建立的规程,在一定的时间间隔(如每月)排放一定体积的污泥,其排放量应等于这一期间所积累的量。排泥频率也可以根据污泥处理装置的处理量来确定,更加可靠的方法是根据污泥浓度分布曲线排泥。

污泥排泥的高度是重要的,合理高度应是能排出低活性污泥并将最好的高活性污泥保留在反应器中。一般在污泥床的底层会形成浓污泥,而在上层是稀的絮状污泥。剩余污泥一般从污泥床的上部排出,但在反应器底部的浓污泥可能由于积累颗粒和小沙砾活性变低,因此建议偶尔也从反应器的底部排泥,这样可以避免或减少反应器内积累的沙砾。

5. 厌氧消化液的后处理

厌氧消化液的后处理是大型沼气工程不可缺少的环节,如果直接排放,不仅会造成二次污染,而且浪费了可作为生态农业建设生产的有机液体肥料资源。厌氧消化液的后处理的方法有很多,最简便的方法是直接将消化液施入土壤或排放入鱼塘,但土壤施肥有季节性且土壤的单位施肥面积有限,不能保证连续的后处理,可以将消化液进行沉淀后,进行固液分离,沼渣可用作肥料,沼液可用作农作物基肥和追肥,浸种,叶面喷肥,保花保果剂,无土栽培的母液,饲喂畜禽及花卉培养。

6. 沼气的净化储存和输配以及利用

沼气中一般含有60%左右的甲烷,其余为 CO_2 及少量 H_2S 等气体。在作为能源使用前,必须经过净化,使沼气的质量达到标准要求。沼气的净化一般包括脱水、脱硫及除二氧化碳(图6.13)。

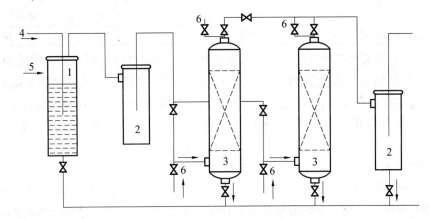

图 6.13　沼气净化工艺流程

1—水封;2—气水分离器;3—脱硫塔;4—沼气入口;5—自来水入口;6—再生通气放散阀

(1)脱水。

从发酵装置出来的沼气含有饱和水蒸气,可用两种方法将沼气中的水分去除。

①对高、中温厌氧反应生成的沼气温度应进行适当降温,通过重力法,即常用沼气气水分离器的方法,将沼气中的部分水蒸气脱除。

②在输送沼气管路的最低点设置凝水器脱水装置。为了使沼气的气液两相达到工艺指标的分离要求,常在塔内安装水平及竖直滤网,当沼气以一定的压力从装置上部以切线方式进入后,沼气在离心力作用下进行旋转,然后依次经过水平滤网及竖直滤网,促使沼气中的水蒸气与沼气分离,水滴沿内壁向下流动,积存于装置底部并定期排除。这种凝水器分为人工手动和自动排水两种。

沼气中水分宜采用重力法脱除,采用重力法时,沼气气水分离器空塔流速宜为 0.21 ~ 0.23 m/s。对日产气量大于 10 000 m³ 的沼气工程,可采用冷分离法、固体吸附法、溶剂吸收法等脱水工艺处理。

(2)脱硫。

沼气中含有少量硫化氢气体,脱除沼气中硫化氢可采用干法与湿法。与城市燃气工程相比,沼气工程的脱硫具有以下几个特点:

①沼气中硫化氢的浓度受发酵原料或发酵工艺的影响很大,原料不同则沼气中硫化氢含量变化也很大,一般在 0.5 ~ 14 g/m³,其中以糖蜜、酒精废水发酵后,沼气中的硫化氢含量为最高。

②沼气中的二氧化碳含量一般在35%～40%,而人工煤气中的二氧化碳只占总量的2%,由于二氧化碳为酸性气体,它的存在对脱硫不利。

③一般沼气工程的规模较小,产气压力较低,因此在选择脱硫方法时,应尽量便于日常运行管理,沼气中硫化氢的含量见表6.10。所以在现有的沼气工程中,多采用以氧化铁为脱硫剂的干法脱硫,很少采用湿法脱硫,近年来某些工程也开始试用生物法脱硫。

表6.10　几种常用原料生产的沼气中硫化氢的含量

生产废水的行业	屠宰废水 猪场废水 牛场废水	鸡粪废水	酒精厂废水 城粪污水 柠檬酸厂废水
沼气中硫化氢的含量/$(g \cdot m^{-3})$	0.5～2	2～5	5～18

干法脱硫中最为常见的方法为氧化铁脱硫法。它是在常温下沼气通过脱硫剂床层,沼气中的H_2S与活性氧化铁接触,生成硫化铁和硫化亚铁,然后含有硫化物的脱硫剂与空气中的氧接触,当有水存在时,铁的硫化物又转化为氧化铁和单体硫。这种脱硫再生过程可循环进行多次,直至氧化铁脱硫剂表面的大部分孔隙被硫或其他杂质覆盖而失去活性为止。一旦脱硫剂失去活性,则需将脱硫剂从塔内卸出,摊晒在空地上,然后均匀地在脱硫剂上喷洒少量稀氨水,利用空气中的氧,进行自然再生。

干法脱硫装置宜设置两套,一备一用。脱硫罐(塔)体床层应根据脱硫量设计为单床层、双床层或多床层。沼气干法脱硫装置宜在地上架空布置,在寒冷地区脱硫装置应设在室内,在南方地区可设置在室外。脱硫剂的反应温度应控制在生产厂家提供的最佳温度范围内,一般当沼气温度低于10 ℃时,脱硫塔应有保温防冻和增温措施,当沼气温度大于35 ℃时,应对沼气进行降温。脱硫装置进出气管可采用上进下出或下进上出方式。脱硫装置底部应设置排污阀门和沼气安全泄压等设备。大型沼气干法脱硫装置,应设置机械设备装卸脱硫剂,氧化铁脱硫剂的更换时间应根据脱硫剂的活性和装填量、沼气中硫化氢含量和沼气处理量来确定。脱硫剂宜在空气中再生,再生温度宜控制在70 ℃以下,利用碱液或氨水将pH值调整为8～9,氧化铁法脱硫剂的用量不应小于下式的计算值:

$$V = \frac{1\ 673\ \sqrt{C_s}}{f\rho}$$

式中　V——每小时1 000 m³沼气所需脱硫剂的容积,m³;

　　　C_s——气体中硫化氢的含量,%;

　　　f——脱硫剂中活性氧化铁的含量,%;

　　　ρ——脱硫剂的密度,t/m³。

沼气通过粉状脱硫剂的线速度宜控制在7～11 mm/s;沼气通过颗粒状脱硫剂的线速度宜控制在20～25 mm/s。

7. 沼气的储存和输配

沼气的储存通常用浮罩式贮气柜和高压钢性贮气柜。贮气柜的作用是调节产气和用气的时间差,贮气柜的大小一般为日产沼气量的1/3～1/2。

沼气的输配系统是指在沼气用于集中供气时,将其输送至各用户的整个系统,近年来普遍采用高压聚乙烯塑料管作为输气管道,不仅可以避免金属管道的锈蚀而且造价较低。

6.3.3.4　厌氧消化器的启动及运行的注意事项

1.厌氧消化器的启动的注意事项

厌氧消化器的启动与农村户用沼气池的启动方法相同,但应注意以下事项:

(1)固态厌氧接种污泥在进入厌氧消化器之前,应该加水溶化,经滤网滤去大块杂质后才能用泵抽入厌氧消化器。

(2)宜一次投加足够量的接种污泥,污泥接种量为厌氧消化器容积的30%。

(3)厌氧消化器的启动方式可采用分批培养法,也可采用连续培养法。

(4)应逐步升温(以每日升温2 ℃为宜)使厌氧消化器达到设计的运行温度。

(5)启动开始时,负荷不宜太高,以 0.5 ~ 1.5 kg(COD)/(m³ · d)为宜。对于高浓度(COD>5 000 mg/L)或有毒废水应进行适当稀释。

(6)当料液中可降解的化学需氧量(COD)去除率达到80%时,可逐步提高负荷。

(7)对于上流式厌氧污泥床,为了促进污泥颗粒化,上升流速宜控制为0.25 ~ 1.0 m/h。

(8)厌氧消化器启动时,应采取措施将厌氧消化器、输气管路及贮气柜中的空气置换出去。

2.厌氧消化器的主要维护保养

沼气池建成后,发酵启动和日常管理对产气率的高低影响极大。沼气池装入原料和菌种,启动使用后加强日常管理并控制好发酵过程的条件,是提高产气率的重要技术措施,应按照沼气微生物的生长繁殖规律,加强沼气池的科学管理。

(1)安全发酵。

要做到安全发酵,必须防止有毒、有害、抑制微生物生命活动的物质进入沼气池。

第一,各种剧毒农药,特别是有机杀菌剂、杀虫剂以及抗生素等,能做土农药的各种植物(如大蒜、桃树叶等),重金属化合物、盐类等化合物都不能进入沼气池。

第二,禁止将含磷物质加入沼气池,以防产生剧毒的磷化三氢气体,给入池检查和维修带来危险。

第三,加入秸秆和青杂草过多时,应同时加入适量的草木灰或石灰水和接种物,抑制酸化现象。

第四,避免加入过多的碱性物质,避免碱中毒。同时要避免氨中毒,即避免加入过多含氮量高的人畜粪便。

(2)经常搅动沼气池内的发酵原料。

搅拌能够使原料与沼气细菌充分地接触,能够促进沼气细菌的新陈代谢,提高产气率;搅拌还能够打破上层结壳,加快沼气的逸出;搅拌还可以使沼气细菌的生活环境不断更新,有利于获得新的养料。

(3)保持沼气池内发酵原料适宜的浓度。

沼气池内的发酵原料必须含有适量的水分,才有利于沼气细菌的正常生活和沼气的产生。

(4)随时监测沼气发酵液的 pH 值。

沼气池内的适宜 pH 值为6.5 ~ 7.5,过高或过低都会影响沼气池内微生物的活性。如果出现发酵物料过酸的现象,可以用以下方法调节:

①取出部分发酵原料,补充相等数量或稍多一些的含氮多的发酵原料和水。

②将人、畜粪尿拌入草木灰,一同加入沼气池内,不仅可以调节 pH 值,还能够提高产气率。

③加入适量的石灰澄清液,并与发酵液混合均匀,避免强碱对沼气细菌活性的破坏。

(5)强化沼气池的越冬管理。

沼气池的越冬管理主要是搞好增温保温,防止池体冻坏,并使发酵维持在较好的水平,达到较高的产气率。主要的保温方法有:

①沼气池表面覆盖盖料保温。

②在沼气池周围挖环形沟,在沟内堆沤粪草,利用发酵产热保温。

③加大料液浓度,维持产气。

④检查管道内是否有水,尽可能将管道埋入地下或包裹起来,防止冻裂。

6.3.4 产物的利用

6.3.4.1 沼液

沼液是沼气发酵残余的液体部分,是一种溶肥性质的液体。沼液不仅含有较为丰富的可溶性无机盐类,同时还含有多种沼气发酵的生化产物,在利用过程中表现出多方面的功效。沼液与沼渣相比较而言,虽然养分含量不高,但其养分主要是速效养分。这是因为发酵物长期浸泡在水中一些可溶性养分自固相转入液相。其中主要的农化性质物质、氨基酸及矿物质含量见表 6.11 ~ 6.13。

表 6.11 沼液的主要农化性质物质

水分 /%	全氮 /%	全磷 /%	全钾 /%
95.500	0.042	0.027	0.115
碱解氮/×10^{-6}	速效氮 /×10^{-6}	有效钾 /×10^{-6}	有效锌 /×10^{-6}
335.60	98200	895.70	0.400

表 6.12 沼液的氨基酸含量 mg/L

天冬氨酸	苏氨酸	谷氨酸	甘氨酸	丙氨酸	半胱氨酸	缬氨酸
12.30	5.42	14.01	8.07	6.56	26.79	12.70
异亮氨酸	亮氨酸	苯丙氨酸	赖氨酸	天冬氨酸+谷氨酰胺		色氨酸
7.16	1.24	12.03	7.65	356.03		7.10

表 6.13 沼液的矿物质含量 mg/L

矿物质	磷	镁	硫	硅	钾	钠	铁	锰
含量	43.00	97.00	14.30	317.4	30.90	26.20	1.41	1.07
矿物质	铜	铬	钡	锶	锌	氟	碘	硒
含量	36.80	14.10	50.20	107.0	28.30	0.16	0.15	0.50
矿物质	钼	钴	镍	钒	汞	铅	砷	镉
含量	4.20	2.80	8.50	2.80	0.03	2.83	3.06	8.90

1. 沼液的利用

一般来说沼液的利用方式主要有以下几个方面：

（1）沼液用作肥料。

沼气发酵过程中，作物生长所需的氮、磷、钾等营养元素基本上都保持下来，因此沼液是很好的有机肥料。同时，沼液中存留了丰富的氨基酸、B 族维生素、各种水解酶、某些植物生长素、对病虫害有抑制作用的物质或因子，因此它还可用来养鱼、喂猪、防治作物的某些病虫害，具有广泛的综合利用前景。

（2）沼液浸种。

沼液中除含有肥料三要素（氮、磷、钾）外，还含有种子萌发和发育所需的多种养分和微量元素，且大多数呈速效状态。同时，微生物在分解发酵原料时分泌出的多种活性物质，具有催芽和刺激生长的作用。因此，在浸种期间，钾离子、铵离子、磷酸根离子等都能因渗透作用或生理特性，不同程度地被种子吸收，而这些离子在幼苗生长过程中，可增强酶的活性，加速养分运转和新陈代谢过程。因此，幼苗"胎里壮"，抗病、抗虫、抗逆能力强，为高产奠定了基础。

沼液常用于水稻的浸种和育秧及小麦、玉米、棉花和甘薯浸种等，增产效果明显。例如，据试验，沼液浸麦种比清水浸麦种多收 77.9 kg/亩，增产 19.74%，比干种直播多收 54.9 kg/亩，增产 12.88%。再如，用沼液浸甘薯种，浸种与不浸种相比，黑斑病下降 50%，产芽量提高 40%，壮苗率提高 50%。

（3）沼液防治植物病虫害。

沼气发酵原料经过沼气池的厌氧发酵，不仅含有极其丰富的植物所需的多种营养元素和大量的微生物代谢产物，而且含有抑菌和提高植物抗逆性的激素、抗生素等有益物质，可用于防治植物病虫害和提高植物抗逆性。

①沼液防治植物虫害。用沼液喷施小麦、豆类、蔬菜棉花、果树等，可防治蚜虫侵害；用沼液原液或添加少量农药喷施，可防治苹果、柑橘等果树蚜虫、红蜘蛛、黄蜘蛛和螨等虫害。沼液原液喷施果树，匿蜘蛛成虫杀灭率为 91.5%，虫卵杀灭率为 86%，；沼液加 1/3 水稀释，红蜘蛛成虫杀灭率为 82%，虫卵杀灭率为 84%，黄蜘蛛杀灭率为 25.3%。

②沼液防治植物病害。科学实验和大田生产证明，用沼液制备的生化剂可以防治作物的土传病、根腐病等，见表 6.14。

表 6.14　沼液防治植物病害的种类

农作物	病　害
水稻	穗颈病、纹拓病、白叶枯病、叶斑病、小球菌核病
小麦	赤霉病、全蚀病、根腐病
大麦	叶锈病、黄花叶病
玉米	大斑病、小斑病
蚕豆	枯萎病
花生	病株
棉花	枯萎病
甘薯	软腐病、黑斑病
烟草	花叶病、黑胫病、赤星病、炭疽病、气候斑点
黄瓜/辣椒/茄子甜瓜/草莓	白粉病、霜霉病、灰霉病
西瓜	枯萎病

沼液浸泡大麦种子,可以明显减轻大麦黄花叶病,且随沼液浓度的增加而减少。用上海土壤肥料所研制的 IP(沼液+少量生化剂)和 AFS(沼液浸种后用沼液泥篝)处理大麦种,黄花叶病发病率减少 50% ~ 90%。此外,沼液对大麦叶锈病也有较好的防治作用。试验证明,沼液叶面喷施可以有效地防治西瓜枯萎病融麦赤霉病。此外,沼液对棉花的枯萎病和炭疽病、马铃薯黑胫病、小麦根腐病、水稻小球菌核病和纹枯病、玉米的拳斑病以及果树根腐病也有较好的防治作用。

③沼液提高植物抗逆性。沼液中富含多种水溶性养分,用于农作物、果树等植物浸种、叶面喷施和灌根等,收效快,一昼夜内叶片中可吸收施用量的 80% 以上,足够及时补充植物生长期的养分需要,强健植物机体,防御病虫害和严寒、干旱。

试验证实,用沼液原液或 50% 溶液进行水稻浸种,减轻胁迫对原生质的伤害,保持细胞完整性,提高根系活力,从而增强秧苗抗御低温的能力。用沼液对果树进行灌根,对及时抢救受冻害或其他灾害引起的树势衰弱有明显效果,用沼液长期喷施果树叶片,可防治小叶病和黄叶病,使叶片肥大,色泽浓绿,增强光合作用,有利于花芽的形成和分化。花期喷施能提高坐果率,果实生长期喷施,可使果实肥大,提高产量和水果质量。

在干旱时期,对作物和果树喷施沼液,可引起植物叶片气孔关闭,从而起到抗旱的作用。

(4)沼液叶面肥。

沼液中营养成分相对富集,是一种速效的水肥,用于果树和蔬菜叶面喷施,收效快,利用率高。一般施后 24 h 内,叶片可吸收喷施量的 80% 左右,从而能及时补充果树和蔬菜生长对养分的需要。

果树和蔬菜地上部分每一个生长期前后,都可以喷施沼液,叶片长期喷施沼液,可增强光合作用,有利于花芽的形成与分化;花期喷施沼液,可保证所需营养,提高坐果率;果实生长期喷施沼液,可促进果实膨大,提高产量。

果树和蔬菜叶面喷施的沼液应取自正常产气的沼气池出料间,经过滤或澄清后再用。一般施用时取纯液为好,但根据气候、树势等的不同,可以采用稀释或配合农药、化肥喷施。

(5)沼液养鱼。

沼液作为淡水养殖的饲料,营养丰富,加快鱼池浮游生物繁殖,使耗氧量减少,水质改善,而且,常用沼液,水面能保持茶褐色,易吸收光热,提高水温,加之沼液的 pH 值为中性偏碱性,能使鱼池保持中性,这些有利因素能促进鱼类更好地生长。所以,沼肥是一种很好的养鱼营养饵料。

表 6.15 沼液养鱼与常规养鱼方法产量的比较

分类	鱼苗质量/kg		每公顷产量/kg		增肉倍数		增产情况	
	沼液	常规	沼液	常规	沼液	常规	沼液	常规
肥水鱼	62.0	61.25	3 088.5	2 951.25	3.71	3.62	111.75	4.7
吃食鱼	48.15	46.5	4 023	368	5.55	5.32	339	9.2
合计	110.1	107.8	7 111.5	6 635.25	4.52	4.35	475.5	7.1

从表 6.15 可以看出,鱼池使用沼肥后,改善了鱼池的营养条件,促进了浮游生物的繁殖和生长,因此,提高了鲜鱼产量。南京市水产研究所用鲜猪粪与沼肥作淡水鱼类饵料进行对比试验,结果后者比前者增产 19% ~38%。同时,施用沼肥的鱼池,水中溶解氧增加 10% ~15%,改善了鱼池的生态环境,因此,不但使各类鱼体的蛋白质含量明显增加,而且影响蛋白

质质量的氨基酸组成也有明显的改善,并使农药残留量呈明显的下降趋势,鱼类常见病和多发病得到了有效的控制,所产鲜鱼营养价值高,食用更加安全可靠。

2.沼液产品的加工

目前沼液产品的加工还不多见,主要是农民自己利用厌氧发酵进行直接浇灌,或过滤后进行叶面喷施,主要有以下两个方面:

(1)用作液肥的加工工艺。

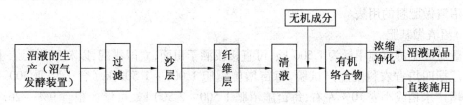

图6.14　沼液用作液肥的加工工艺

(2)用作杀虫剂的加工工艺。

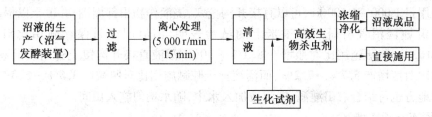

图6.15　沼液用作杀虫剂的加工工艺

6.3.4.2　沼渣

1.沼渣的营养成分

有机物质在厌氧发酵过程中,除了碳、氢等元素逐步分解转化,最后生成甲烷、二氧化碳等气体外,其余各种养分元素基本都保留在发酵后的剩余物中,其中一部分水溶性物质保留在沼液中,另一部分不溶解或难分解的有机、无机固形物则保留在沼渣中,在沼渣表面还吸附了大量的可溶性有效养分。所以沼渣含有较全面的养分元素和丰富的有机物质,具有速缓兼备的肥效特点。

沼渣中的主要养分有:30% ~50%的有机质、10% ~20%的腐殖酸、0.8% ~2.0%的全氮(N)、0.4% ~1.2%的全磷、0.6% ~2.0%的全钾。

由于发酵原料种类和配比的不同,沼渣养分含量有一定差异。根据对一些地区的沼渣的分析结果,若每亩地施用1 000 kg(湿重)沼渣,可给土壤补充氮素3 ~4 kg,磷2.5 ~25 kg、钾2 ~4 kg。

沼肥中的纤维素、木质素可以松土,腐殖酸有利于土壤微生物的活动和土壤团粒结构的形成,所以沼渣具有良好的改土作用。

沼渣能够有效地增加土壤的有机质和氮素含量。纯施化肥时会降低土壤有机质和含氮量,因此化肥与有机肥要配合使用。

沼渣作为一种优质有机肥,在实际应用中能够起到增产的作用。试验证明,在每亩施用沼渣1 000 ~1 500 kg的条件下,配合其他措施,水稻约能增产9.1%,玉米增产8.3%,薯增产13%,棉花增产7.9%。

　　沼渣对不同的土壤都有增产作用,由于基础土质的区别,增产效果有一定的差异。沼渣对红壤地区的茶园改造和增产效果显著。将沼渣作为底肥施用,对茶园行间土壤进行深耕(20～30 cm)的基础上,第一年每亩施沼渣(液)2 000～4 000 kg,第二年再施2 000～3 000 kg,分别在每年的3月中旬、5月下旬和7月下旬进行。各次施沼渣的数量不同,3月施总量的50%,5月和7月分别施总量的25%。采用这一措施可使低产茶园亩产量达到50～60 kg。

　　2. 沼渣做肥料的用法

　　(1)沼渣做基肥。

　　一般做底肥每亩施用量为1 500 kg,可直接泼洒于田面,立即耕翻,以利于沼肥入土,提高肥效。据四川省农科院生产试验,每亩增施沼肥1 000～1 500 kg(含干物质300～450 kg),可增产水稻或小麦10%左右;每亩施沼肥1 500～2 500 kg,可增产粮食9%～26.4%,并且,连施三年,土壤有机质增加0.2%～0.83%,活土层从34 cm增加到42 cm。

　　(2)沼渣做追肥。

　　每亩用量1 000～1 500 kg,可以直接开沟挖穴,浇灌作物根部周围,并覆土以提高肥效。山东省临沂地区沼气科研所在玉米上的试验表明,沼渣肥密封保存施用比对照增产8.3%～11.3%,晾晒施用比对照增产8.1%～10%,沼液直接开沟覆土施用或沼液拌土密封施用均比对照增产5.7%～7.2%,而沼液拌土晾晒施用比对照增产3.5%～5.4%。有水利条件的地方也可结合农田灌溉,把沼液加入水中,随水均匀施入田间。

　　(3)沼渣与碳铵堆沤。

　　沼肥内含有一定量的腐殖酸,可增加腐殖质的活性。当沼渣的含水量下降到60%左右时,可堆成1 m³左右的堆,用木棍在堆上扎无数个小孔,然后按每100 kg沼渣加碳铵4～5 kg,拌和均匀,收堆后用稀泥封糊,再用塑料薄膜盖严,充分堆沤5～7 d,做底肥,每亩用量250～500 kg。

　　(4)沼渣与过磷酸钙堆沤。

　　每100 kg含水量50%～70%的湿沼渣,与5 kg过磷酸钙拌和均匀,堆沤腐熟7 d,能提高磷素活性,起到明显的增产效果。一般做基肥每亩用量500～1 000 kg,可增产粮食13%以上,增产蔬菜15%。

　　3. 沼渣配制营养土

　　营养土和营养钵主要用于蔬菜、花卉和特种作物的育苗,因此,对营养条件要求高,自然土壤往往难以满足,而沼渣营养全面,可以广泛生产,完全满足营养条件要求。用沼渣配制营养土和营养钵,应采用腐熟度好、质地细腻的沼渣,其用量占混合物总量的20%～30%,再掺入50%～60%的泥土、5%～10%的锯末、0.1%～0.2%的氮、磷、钾化肥及微量元素、农药等拌匀即可。如果要压制成营养钵等,则配料时要调节黏土、沙土、锯末的比例,使其具有适当的黏结性,以便于压制成形。

　　4. 沼渣栽培食用菌

　　沼渣含有机质30%～50%、腐殖酸10%～20%、粗蛋白质5%～9%、全氮1%～2%、全磷0.4%～0.6%、全钾0.6%～1.2%和多种矿物元素,与食用菌栽培料养分含量相近,且杂菌少,十分适合食用菌的生长。利用沼渣栽培食用菌具有取材广泛、方便、技术简单、省工省时省料、成本低、品质好、产量高等优点。

目前较常见的综合利用有沼渣菇床栽培蘑菇、平菇以及沼渣瓶栽灵芝。

灵芝的生长以碳水化合物和含碳化合物（如葡萄糖、蔗糖、淀粉、纤维素、半纤维素、木质素等）为营养基础，同时也需要钾、镁、钙、磷等矿质元素，能够满足灵芝生长的需要。利用沼渣瓶栽灵芝能够获得较好的经济收益。

5. 沼渣养殖蚯蚓

蚯蚓是一种富含高蛋白质和高营养物质的低等环节动物，以摄取土壤中的有机残渣和微生物为生，繁殖力强。据资料介绍，蚯蚓含蛋白质 60% 以上，富含 18 种氨基酸，有效氨基酸占 58% ~62%，是一种良好的畜禽优质蛋白饲料，对人类亦具有食用和药用价值。蚯蚓粪含有较高的腐殖酸，能活化土壤，促进作物增产。用沼渣养蚯蚓，方法简单易行，投资少，效益大。尤其是把用沼渣养蚯蚓与饲养家禽家畜结合起来，能最大限度地利用有机物质，并净化环境。

沼渣养殖蚯蚓用于喂鸡、鸭、猪、牛，不仅节约饲料，而且增重快、产蛋量、产奶量提高。据测定，采用蚯蚓作饲料添加剂，肉鸡生长速度加快 30%，一般可提早 7 ~10 d 上市，小鸡成活率提高 10% 以上，鸭子的生长速度提高 27.2%，鸡鸭的产蛋率均提高 15% ~30%，生猪生长加快 19.2% ~43%。奶牛每天每头喂蚯蚓 250 g，产奶量提高 30%。近年来，为发展动物性高蛋白食品和饲料，国内外采用人工饲养蚯蚓，已取得很大进展。蚯蚓不仅可做畜禽饲料，还可以加工生产蚯蚓制品，用于食品、医药等各个领域。

6.3.4.3　沼气的利用

1. 沼气的燃烧特点

由于沼气中有气体燃料 CH_4、惰性气体 CO_2，还含有 H_2S，H_2 和悬浮的颗粒状杂质，沼气成分体积分数见表 6.16。甲烷的着火温度较高，这样沼气的着火温度相对更高。沼气中大量存在的二氧化碳对燃烧具有强烈的抑制作用，所以沼气的燃烧速度很慢。通过对甲烷-空气混合气的燃烧试验和研究表明，甲烷-空气的混合气在发动机的燃烧中具有优异的排放和抗爆性，在诸多代用燃料中，沼气备受青睐。

表 6.16　沼气成分测定

测定单位	沼气成分体积分数/%							
	CH_4	CO_2	CO	H_2	N_2	C_mH_n	O_2	H_2S
鞍山市污水处理厂	58.2	31.4	1.6	6.5	0.7		1.6	
西安市污水处理厂	53.6	30.18	1.32	1.79	9.5	0.42	3.19	
四川化学研究所	61.9	38.77			1.88	0.186	0.23	0.034
四川德阳园艺场	59.28	38.14			2.12	0.039	0.40	0.021
农展馆警卫连	64.44	30.19			1.97		0.4	*
沼气用具批发部	63.1	32.8	0.03		2.53	1.145	0.34	0.055
北京通县苏庄	57.2	35.8			3.5	1.626	1.8	0.074

当沼气和空气按一定比例混合后，一遇明火马上燃烧，散发出光和热。沼气燃烧时的化学反应式为

$$CH_4 + 2O_2 \longrightarrow CO_2 + 2H_2O + 35.91 \text{ MJ}$$

$$H_2 + 0.5O_2 \longrightarrow H_2O + 10.8 \text{ MJ}$$

$$H_2S + 1.5O_2 \longrightarrow SO_2 + H_2O + 23.38 \text{ MJ}$$

$$CO+0.5O_2 \longrightarrow CO_2$$

沼气中的主要成分 CH_4 易燃、易爆，空气中 CH_4 的爆炸极限为空气体积的 2.5%~15.4%（在 20 ℃时，含量为 16.7~102.6 g/m^3）；而 CO_2 的存在，又使沼气的燃烧速度降低，使燃烧平稳。沼气的燃烧速度很低，其最大燃烧速度为 0.2 m^3/s，不足液化石油燃烧速度的 1/4，仅为炼焦气燃速的 1/8。因为燃烧速度低，当从火孔出来的未燃气流速度大于燃烧速度时，容易将没来得及燃烧的沼气吹走，从而形成脱火。因此，沼气燃烧的稳定性差。当沼气完全燃烧时，火焰呈蓝白色，火苗短而急，稳定有力，同时伴有微弱的哑哑声，燃烧温度较高。

2. 沼气的应用

（1）沼气发电。

沼气发电始于 20 世纪 70 年代初期。当时国外为了合理、高效地利用在治理有机废弃物中产生的沼气，普遍使用往复式沼气发电机组进行沼气发电。通常每 100 万 t 的家庭或工业废物就足以产生充足的甲烷作为燃料，供一台 1 MW 的发电机运转 10~40 年。沼气燃烧发电是随着沼气综合利用的不断发展而出现的一项沼气利用技术，它将沼气用于发动机上，并装有综合发电装置，以产生电能和热能。欧洲主要国家沼气发电量和热能产量见表 6.17。

表 6.17　欧洲主要国家沼气发电量和热能产量

国家	发电量/(10^4kW · h)			热能产量/(10^3kW · h)		
	发电厂	热电联产厂	合计	热厂	热电联产厂	合计
德国	—	73 380	73 380	1 000.18	2 000.36	3 000.54
英国	45 891	4 079	49 970	753.62		753.62
意大利	9 961	2 378	12 339	441.94		441.94
西班牙	5 906	844	6 749	170.96		170.96
希腊	5 786	—	5 786	124.44		124.44
丹麦	20	2 826	2 846	40.70	291.9	332.62
法国	5 010	—	5 010	626.86	12.79	639.62
奥地利	3 726	372	4 098	—	48.85	48.85
荷兰	—	2 860	2 860	233.76	—	233.76

我国沼气发电始于 20 世纪 70 年代初期，并且受到国家的重视，成为一个重要的课题被提出来。到 80 年代中期，我国已有上海内燃机研究所、广州能源所、四川省农机所、武进柴油机厂、泰安电机厂等十几家科研院所、厂家对此进行了研究和实验。我国沼气产业现已建成近 3 万个大中型沼气工程，预计到 2020 年我国工业沼气的潜力将为 215 亿 m^3，农业沼气潜力为 200 亿 m^3，如果将这些沼气全部用于发电，按每立方米沼气发电 1.6 kW · h 计算，则发电量可以达到 660 亿 kW · h 之多。

（2）沼气燃料电池。

由于燃料电池的能量利用率高，对环境基本上不造成污染，因此目前国际上对燃料电池进行了大量的研究。

沼气燃料电池是将经严格净化后的沼气，在一定条件下进行烃裂解反应，产生出以氢气为主的混合气体（氢气含量达 77%），然后将此混合气体以电化学的方式进行能量转换，实现沼气发电。

（3）沼气储粮。

将沼气通入粮囤或储粮容器内,上部覆盖塑料膜,可全部杀死玉米象等害虫,有效抑制微生物繁殖,保持粮食品质。首先选用合适的瓦缸、坛子、木桶或水泥池作为储粮装置。用木板作一瓶盖或缸盖,盖上钻两个小孔,孔径大小以恰能插入输气管为宜。将进气管连接在一个放入缸底的自制竹制进气扩散器(即把竹节打通,最下部竹节不打通,四周钻有数个小孔的竹管)上,缸内装满粮食,盖上盖子,用石蜡密封,输入沼气。第一次充沼气时打开排气管上开关,使缸内空气尽量排出,直到能点燃沼气灯为止,然后关闭开关,使缸内充满沼气 5 d 左右。

（4）沼气保鲜水果。

沼气适用于苹果、柑橘、橙等水果保鲜,贮藏期可达 120 d,而且好果率高,成本低廉,操作简单方便,无污染。储藏地点要求通风、清洁、温度较稳定、昼夜温差小;储存方式有箱式、薄膜罩式、柜式、土窑式、储藏式五大类。对水果要求八成熟,采收时应仔细,不能有破损。在阴凉、干燥处预储 2 ~ 3 d,其中 CO_2 控制在 30% ~ 35%,甲烷控制在 60% ~ 65%,温度 4 ~ 15 ℃,相对湿度 94% ~ 97%,储藏 2 个月后,每 10 d 换气并翻动一次,定期对储藏环境进行消毒,注意防火。

（5）沼气供热孵鸡。

沼气孵鸡是以燃烧沼气作为热源的一种孵化方法,具体的孵化箱的结构如图 6.16 所示。它具有投资少、节约能源、减轻劳动、管理方便、出雏率和健雏率高等优点。

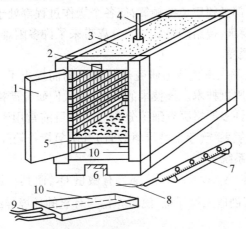

图 6.16　沼气孵化箱结构

1—门;2—排湿孔;3—保温锯末;4—温度计;5—蛋排;6—燃烧室;7—气压计;
8—输气管;9—进、排水管;10—水箱

利用沼气孵鸡,是一项投资少,见效快,充分利用生物质再生能源,增加农民的经济收入,开创致富门路的好途径。

（6）沼气加温养蚕。

在春蚕和秋蚕饲养过程中,因气温偏低,需要提高蚕室温度,以满足家蚕生长发育。传统的方法是以木炭、煤作为加温燃料,一张蚕种一般需用煤 40 ~ 50 kg,其缺点是成本高,使用不便,温度不易控制,环境易污染。在同等条件下,利用沼气增温养蚕比传统饲养方法可提高产茧量和蚕茧等级,增加收入。和煤球加温养蚕相比,产茧量增加 10%,每千克蚕茧售价高 0.54 元,全茧量高 0.039%,茧层量高 0.059%,茧层率高 0.9%。

第7章 产甲烷菌的研究方法

7.1 厌 氧 操 作

7.1.1 厌氧方法的理论基础

产甲烷菌是一类最严格的厌氧细菌,对于氧的存在极为敏感,要求环境中的氧浓度必须低于 $2 \sim 5 \ \mu L/L$,至今尚未发现产甲烷菌具有超氧化物歧化酶和过氧化氢酶。因此,产甲烷菌不能有效地去除在生命代谢过程中产生的氧化产物 OH^-、O_2、H_2O_2。这些氧化物可损害组成细胞的生物大分子,如 F_{420} 因子,在 F_{420} 处于氧化态时,即与酶蛋白分离,从而失活。

严格厌氧细菌生长所要求的氧化还原电位都很低,如产甲烷细菌就只能在氧化还原电位低于 $-220 \ mV$ 的环境中生长。因此,产甲烷菌的分离、纯化、保存、某些生理生化特征的测定,以及培养基的制备都必须避免接触氧,使各个操作过程都处于无氧的状态下。由于严格厌氧这一近似苛刻的要求,曾给产甲烷细菌分离带来了许多困难,并使产甲烷细菌的研究在很长一段时期内进展缓慢。

1950 年,美国微生物学家亨盖特为研究瘤胃微生物而提出了一种简单、实用并十分有效的厌氧技术,即亨盖特厌氧技术。该技术的出现,为人们研究严格厌氧微生物提出了前所未有的技术条件,保证了许多严格厌氧细菌分离成功。目前常用于厌氧细菌分离的除氧系统主要有两个,即铜柱除氧系统(亨盖特厌氧装置)和厌氧操作箱除氧系统。

7.1.1.1 铜柱除氧系统

由气钢瓶出来的气体(N_2,CO_2,H_2 等)都含有微量 O_2,使其经过一高温铜柱,除去其中所含的 O_2,用此无氧气流创造无氧环境,使培养物与有氧的环境隔绝,以获得厌氧菌生长所必需的条件。

1. 原理

来自钢瓶的气体通过温度约 350℃ 的铜柱时,铜与气体中的氧化合生成氧化铜,铜柱由明亮的黄色变为黑色。向氧化状态的铜柱中通入氢气,氢与氧化铜中的氧结合生成水,氧化铜被还原生成铜,铜柱又呈明亮的黄色,这样铜柱可反复使用。

2. 铜柱的结构

直径 $30 \sim 35 \ mm$,长 $300 \sim 350 \ mm$ 的硬质玻璃管,两端加工成漏斗状,以便连接胶管,玻璃管中装入剪短的($10 \sim 20 \ mm$)细的(直径约 $0.5 \ mm$)铜丝或碎铜屑,并尽量压紧。铜丝部分大约 $250 \sim 300 \ mm$。铜丝的下面垫以玻璃纤维,上端留 $50 \ mm$ 左右的空间,以防止管口过热损伤胶管。这样装好铜丝的玻璃管即"铜柱",沿着装有铜丝的柱体外壁绕上加热带。如无加热带,可用 $500 \ W$ 的电炉丝代替,电炉丝之间绕上石棉绳,防止电炉丝短路并保温,为安全起见,外边最好再套一大的玻璃管。铜柱竖直地固定在架台上,加热带或电炉丝的两端与可调变压器(500～1 000 W)的输出接头相连,铜柱下端用耐压胶管与装有压力表头的气钢瓶相连。铜柱上端通过胶管与分支玻璃管连接,分支玻璃管的支管接胶管,胶管的另一端通过盐水接头与长针头(9 号或大于 9 号)相连。如希望由针头出来的气体既无氧又无菌,可在盐水接头内装棉花,灭菌备用。

3.铜柱温度的调控

铜柱的温度可由变压器的电压控制。较简便的方法是间隔地转动变压器旋钮,使铜柱升高。每转动一次变压器旋钮,10～15 min 后镉柱温度可趋于稳定。

4.铜柱的使用

处于工作状态的镉柱能不断地除去流经它的气体所含的氧,铜柱由底部向上逐渐变黑。一般柱下部 1/3 到 1/2 变黑就需通氢气。如果钢瓶中的气体含氧太多,通气后几分钟铜柱变黑,可让少量氢气与所使用的气体同时流经铜柱,保持铜柱有效除氧的还原状态。

7.1.1.2 厌氧操作箱除氧系统

1975 年 Edwards 和 McEride 在已有厌氧箱基础上加以改进,提高厌氧水平,成为今天适于严格厌氧菌研究用的厌氧箱。虽型号不断更新,由原来的手动操作发展到由电脑控制的自动操作,但其基本结构及原理是一致的。

1.原理

厌氧箱内装黑色的钯粒。当常温下箱内含有氢气时,钯可催化氢与氧结合生成水的反应,达到去箱内氧的目的。

2.结构

厌氧箱可分为操作室和交换室两部分,交换室又与真空泵及气钢瓶相连。

操作室是进行厌氧操作的地方。前面塑料膜上有一对塑料套袖及胶皮手套,供操作用。操作室内用钢丝网分别装着钯粒以及干燥剂,它们与电风扇组装在一起,箱内的气体可不断通入钯粒和干燥剂,除去操作室内的氧及所形成的水分。有的操作室内装有培养箱,有的还可把显微镜放到里边。

交换室主要用于操作室外物品的放入和室内物品的取出。有可严密封闭的内外两个门。内门与操作室相通,外门与外界相通。交换室有 2～3 个开口,分别与真空泵及气钢瓶相连。

7.1.2 培养基的组成

厌氧与好氧培养基之间的主要差别在于:厌氧培养基缺氧,通常具有低氧化还原电位。虽然好氧菌细胞中的酶系统在低氧化还原电位条件下起作用,但它们在高氧化还原电位时并不被可逆损坏。好氧细胞的特点在于它们具有保护自身的抗活性氧基因和过氧化物的过氧化化酶、过氧化氢酶或过氧化酶。缺乏这些酶的厌氧菌对 O_2 和它的反应产物很敏感,许多厌氧菌在开始生长时需要低氧化还原电位,并在氧化还原电位高于 -100 mV 至 -300 mV 时受到抑制,同时,厌氧培养基的缓冲容量增大,以补偿酸性发酵产物带来的 pH 值降低。

7.1.2.1 氧化还原电位的测定

氧化还原电位定义:一个特定化学体系的氧化或还原程度。氧化还原电位越高,则氧化性越强;反之则还原性越强。

一般来说,O_2 是引起高氧化还原电位最常见的原因,因而在测定厌氧样品的电位时排出空气就显得格外重要。由于当二氧化碳和硫化氢等挥发性成分释放时，将改变重要的化学平衡，故从厌氧瓶中取出的样品不能直接在开放体系中测定。另外，为了测定缓慢氧化还原电位，电极系统常常需要一个持续的平衡周期，由于通常在厌氧培养基中存在的化合物与铂电极发生化学反应，导致铂电极缓慢污染，所以它可能增加氧化还原电位值的测量偏差。因此，电极测量需要在培养基中或在有适当体积的密闭厌氧系统中进行。

7.1.2.2　氧化还原指示剂

虽然氧化还原电位的测定数据需要氧化还原电极，但通常简单地知道氧化还原电位低于这个值便够了。厌氧培养基中的氧化还原染料常用于该目的。这时，氧化还原染料用作塞子防止试管漏气、瓶子破裂的指示剂。

多数指示剂是靛酚类或靛蓝衍生物，它们的还原态通常无色，氧化态显色。每一种染料被还原的氧化还原电位不同。在 pH 值为 7 的条件下，染料被还原 50% 时的氧化还原电位被称为标准氧化还原电位。

由于氧化还原染料的易反应性质，可观察到一些不利的作用即它直接与微生物作用或间接与培养基反应。氧化还原染料可作为电子受体或供体，因而可以与其他氧化还原染料相互反应。它们可作为中间电子载体，因而可催化微生物氧化。另外，染料可抑制反应，或者甚至使微生物中毒。因此，总是尽可能采用最低染料浓度，若采用有霉性或有未知作用的染料时，需采用与培养瓶一样严格处理和管理的未接种对照瓶。

7.1.2.3　还原剂

为了确保足够低的氧化还原电位，在培养基中加入一种或多种还原剂，用于培养厌氧微生物。还原剂势必同比它的半反应氧化还原电位高的氧化物反应。因而达到低氧化物浓度和氧化还原电位，用于厌氧培养基制备的多数还原剂含硫作反应组分，由有机物（如半胱氨乙酸）和无机化合物（如硫化钠、无定形硫化铁和柠檬酸亚钛等）组成。巯基乙酸、盐酸半胱氨酸和硫化钠是厌氧培养基中最常用的还原剂。厌氧培养基中还原剂的加入量取决于该培养基中氧化物的量和该种还原剂对所培养的微生物的毒性，通常加入 0.02% ~ 0.05%。

1. 含硫和有机还原剂

除作为许多微生物潜在的硫源外，这些化合物可作为结合剂，并减少痕量元素在培养中沉淀。这些含硫有机还原剂的还原机制与被高于其半反应电位的化合物氧化的巯基有关。巯基乙酸、半胱氨酸、1,4-二巯基-2,3-丁二醇和辅酶 M（2-巯基乙酸）可进行高温灭菌；在无氧气氛（N_2，CO_2，H_2，Ar 或 He）中储存。在进行限定碳源利用研究的培养基中，由于某些微生物可利用有机还原剂的一部分碳，所以在培养基中应避免使用这类化合物。

在厌氧菌的研究中不常用二巯基丁二醇（Cleiand 试剂），这也许是由于它的价格昂贵。但在制备对氧不稳定的酶时，这种化合物作为蛋白质的—SH基团保护剂却非常有效。

像多数其他还原剂一样，含硫有机化合物低浓度就显示出毒性，0.05% 的盐酸半胱氨酸和硫基乙酸的一般浓度（0.03% ~ 0.05%）均严重抑制细菌的生长。

2. 柠檬酸钛（Ⅲ）

钛（Ⅲ）是不能被已知的任何微生物代谢的强还原剂。为了避免出现它的氢氧化物沉淀，采用柠檬酸钛（Ⅲ）来添加钛。用氯化钛和柠檬酸钠反应来制备柠檬酸钛。这个化合物是蓝紫色，而被氧化的柠檬酸（Ⅲ）化合物是无色的，像含硫有机试剂一样，某些细菌可利用这个化合物的碳部分作能源和碳源。

3. 硫化钠

硫化钠是一种强还原剂,在 pH = 7 时,$Na_2S \longrightarrow S + 2Na^+ + 2e^-$ 反应的标准氧化还原电位为 -571 mV。硫化钠贮备液可以用过滤和高压消毒的灭菌方法处理。不过,在硫化钠溶液的气相中使用 CO_2,这是因为 CO_2 的溶解会使溶液 pH 值上升,使 Na_2S 变成挥发性的 H_2S。同样,物贮备液在玻璃容器中的存放时间是有限的。因为硫化物可溶解硼硅酸钠玻璃的成分。除作为一种还原剂外,硫化钠还是许多厌氧微生物常用的硫源。另外,高浓度的硫化物对厌氧细菌严生抑制。如从纤维素产甲烷,当硫化物浓度为 9 mmol/L 时,产甲烷量被抑制 87%。浓度为 5 mmol/L 时无抑制。

4. 连二亚硫酸钠

连二亚硫酸钠($Na_2S_2O_4$)是一种强还原性化合物,它很少被用在厌氧培养基中。在制备浓度为 1% 的贮簧液时,无须高压消毒,因为该溶液是无菌的。在培养基中的浓度须保持在低于 0.05%,甚至这种浓度对甲烷菌常常是有毒的。

5. 无定型硫化亚铁

这种化合物被看作是有效的还原剂。由于黑色的硫化亚铁被氧化时变成橙黄色的氢氧化铁,它同时是氧污染的指示剂。通过煮沸含有等摩尔硫酸亚铁氨和硫化钠的无氧溶液来制备硫化亚铁。沉淀的硫化亚铁与上清液分离,用沸蒸馏水洗涤它。它在培养基中的用量并不苛求,为了保证充分的还原量,该化合物可以加入过量,这是由于硫化亚铁的无毒性能。由于硫化亚铁的沉淀形式存在,妨碍用光密度法测定微生物生长。

6. 其他还原方法

一些复合有机组分,如酵母提取物、瘤胃液和消化器流出物可使氧化还原电位降低到 100 mV。有时为开拓最大还原量,可将煮沸后并充过无氧气体的这些组分加入培养基,在严格厌氧菌培养前,兼性厌氧菌被用于原培养基,这些兼性厌氧菌可经高压灭菌杀死后,培养基便可用于培养严格厌氧菌。这种方法可能的缺点包括,这些还原细菌产生抑制物,低 pH 或耗尽基本营养。

Eschecichiacoli 的无菌耗氧膜囊可从培养基中除去 O_2,这种膜含有一种电子转移体系,在有可利用的氢供体存在时,它可将 O_2 还原成水。

7.1.2.4　缓冲液

多数厌氧微生物产生和利用大量的酸性化合物,因而有必要控制和稳定培养基的 pH 值。通常方法是加入一种或多种缓冲液来达到此目的,这些缓冲液通过释放或消耗酸性化合物来消除潜在的 pH 变化。未缓冲或弱缓冲的培养一般只用于微生物产生充足的脂肪酸以改变预先加入的 pH 指示剂颜色的鉴定实验。

7.1.2.5　复合培养基

1. MS 富集培养基

这是无硫基乙磺酸,胰蛋白胨和酵母浸提物浓度降至 0.5 g/L 的培养基。

2. MS 矿物元素培养基

这是无硫基乙磺酸、胰蛋白胨和酵母浸提物的 Ms 培养基。这种培养基用于不需生长因子的细菌富集培养。

3. MG 培养基

MG 培养基是每升 MS 培养基中加入了 2.5 g NaCl 和 5 mmol/L 乙酸钠。除每升加入

2.5 g NaCl 和 5 mmol/L 乙酸钠外,MG 富集培养基和 MG 矿物元素培养基与相应的 MS 培养基是相同的,包括甲烷球菌在内,许多利用 H_2 的甲烷在有少量盐分的培养基中生长良好。

4. MH 培养基

除每升中有 87.75 g(1.5 mol)NaCl、增加 5 g$MgCl_2 \cdot 6H_2O$ 和 115 g(约 200 mmol)KCl 外,MH 培养基与 Ms 培养基相同,这种培养基用于中度嗜盐菌。

5. MSH 培养基

MSH 培养基是两份 MS 培养基和一份 MH 培养基的混合物。

6. M·A 培养基

通过把气相由 CO_2—N_2 改变成纯 N_2,便可修正上述培养基;这种培养基的名称增加了"A",例如,MsA 培养基是 Ms 培养基的气相变成了纯 N_2。这种气相的改变只能在碳酸氢缓冲体系建立以后进行。它将使培养基的 pH 从 7.2 上升至 7.8～8.0。可以通过同充 N_2—CO_2 条件下按一般方法制备培养基,但充 N_2 的方式制成 M·A 培养基,也可简单采取用已制好的培养基充 N_2 的方式制备它。

每升用于液管的固体培养基含 20 g 琼脂(每支血清管加 7 mL 培养基)。每升用于斜面的培养基含 10 g 琼脂(每只血清管加 10 mL 培养基)。

可通过直接加入各个瓶子来修改培养基,达到实验目的,也可以用无菌套厌氧贮备液来加基质,当需要许多瓶中有相同基质时,可在分配前将基质加入培养基中。对气态基质(例如 H_2)而言。纯 H_2 是接种后以加压方式加入(试管被加压后很难接种)初始加压时,由于将改变培养基的 pH 值,故不能用 H_2/CO_2 混合气,在利用 H_2 的甲烷菌生长期间,当 H_2 耗尽需要加 H_2 时,可按 3:1 比例充入 H_2/CO_2 混合气,同时摇动。这个步骤将重新确定相应的 pH 值和培养基的 CO_2 浓度。

加入培养瓶中的溶液可按大于预定的培养基浓度的 50 倍来配制,并调整到中性 pH(例如,加入的有机酸通常采用它的钠盐),采用 50 倍的浓溶液后,适量的溶液便可在制备时加入血清管、血清瓶,甚至培养基,不过,高浓度贮备液对较大的容器或许更方便(例如,对 50 mL 培养基,需用 1 mL 50 倍的溶液或 0.2 mL 250 倍的溶液,250 倍的溶液更方便)。通过在厌氧水中的溶解、密封和灭菌等与制备培养基类似的方法,便可制得这种溶液。

从溶液贮存瓶中取出液体导致气压降低。为防止产生负压(它使氧进入瓶中),这些贮存溶液瓶内需用 N_2,加压至 35 kPa。

有时用大瓶分装时,方便的做法是直接加浓的液体基质,无须充气赶氧。例如,为了在 50 mL 血清瓶中加入 100 nm 甲醇,可加入 0.202 mL 纯甲醇。纯甲醇是无菌的(用无菌注射器从瓶中取出),并且 0.2 mL 液体含很少氧,加酸也采用这种方法,然后通过加入无氧、无菌 NaOH 中和酸。

7. 固体培养基

通过每升加 10 g 纯琼脂便可制成琼脂斜面,每支血清试管分装 5 mL 培养基。高压灭菌时,溶解性的 CO_2 离开溶液,进入气相。这使培养基呈碱性,并引起二价阳离子沉淀,当琼脂冷却到 45 ℃并混匀时,全系的碳酸盐缓冲体系重新建立,生成沉淀的盐也重新溶解。滚管培养基在接种前需混合,以溶解沉淀的盐。接种后,通过用手转动冷水槽中的试管,可以使培养基固化。有关基质的资料通常将基质贮备液制成中性溶液,但是,如丁酸等酸的盐不能找到,它们的溶液只能制成酸性的,再用 NaOH 中和。

具体的配置方法：

每 100 mL 1 mol/L 溶液含：

液体：[乙酸 5.7 mL,丙酸 7.5 mL,丁酸 9.2 mL,盐酸 8.3 mL,硫酸 5.6 mL,氨水 13.5 mL,乙醇(95%)6.1 mL,甲酸(工业级 90%)4.2 mL,甲醇(100%)4.0 mL]

固体：[含 3 分子结晶水乙酸钠 13.6%]

7.1.3　培养基的制备

7.1.3.1　煮沸驱氧

首先加入一定量的蒸馏水于烧瓶中,然后依次加入各种药品。遇热分解、挥发的药品通常分装后加入。半胱氨酸在停止加热后,减少氧化,降低效能。将 N_2 气针头插入烧瓶中,加热煮沸(也可于停止加热前插入气针头)。如瓶口较大,最好塞一个 L 型的胶塞,确保煮沸和分装过程中无对流空气进入瓶中。通常煮沸 5~10 min 即可,有的工作者习惯于煮到退色再加入半胱氨酸。如果培养基中有机成分的量少,加热过程中释放出的还原性物质少,培养基难于褪色。停止加热后,加入 0.02%~0.05% 的半胱氨酸,培养基很快变为无色。冷却到 50 ℃以下进行分装。分装前(或煮沸前)将培养基调为中性,以减少高压灭菌时营养成分破坏。

7.1.3.2　分装

以分装试管为例,用 2~3 个气针头分别插入试管中驱赶空气。气针头气流的强度要适中,对着脸明显感到气流即可。气流过大,在管内易形成涡流,把空气带入管内。驱赶空气 20~30 s 即可,但经验更为重要。然后用适当的注射器或移液管吸取培养基进行分装。吸取培养基前,将注射器针头插入已驱赶过空气的试管中抽注几次,然后移入培养基烧瓶中,同样用气冲洗几次,再吸取培养基,注入已驱过氧的试管中,注射器返回烧瓶之前,用一干净纱布擦掉注射器针头上的培养基,以防把溶于其中的氧带入烧瓶培养基中。塞试管前,将气针头插入培养基中冒泡数秒钟,更有效地驱赶空气,将胶塞轻塞入管口,停几秒钟,拔出气针头的同时,将塞子塞紧。

7.1.3.3　无氧无菌贮液的制备

培养基接种之前,可能要加入几种补加物,如 Na_2S、pH 调节剂、某些生长底物等。这些底物均要制备成一定浓度的无氧无菌贮液。制备方法是称取一定量的药品放入试管或培养瓶中,用无氧气针头驱赶空气,然后用无氧分装方法(同培养基分装)加入定量的、经煮沸除氧并冷下来的蒸馏水。如贮液的浓度要求精确,需用容量瓶配制,再无氧操作转入试管;或培养瓶中,灭菌备用。可用无菌注射器向贮液瓶中注入适量的无氧无菌 N_2 或 H_2,保持瓶内正置,防止使用操作过程中进入空气。无论培养基还是贮液都不可久放,一般 2~3 周之后需重新配置。

7.2　产甲烷菌的分离

因各类菌对氧的敏感性不同,可采用不同的分离方法。如一些耐氧的厌氧菌,可用较简单的琼脂平板划线法,然后置于厌氧罐中培养,挑取单菌落,获得纯培养物。但分离敏感的产甲烷细菌则不能用上法,通常采用 Hungate 滚管法、软琼脂柱法或功能较全的厌氧箱划平板分离的方法。由于许多产甲烷菌生长较慢,分离困难,往往首先进行富集培养,提高分离对象在培养物中的数量,使之易于分离。

7.2.1　产甲烷菌的富集培养技术

在一个复杂的厌氧生态环境中,人为地改变某种环境条件,就会引起各种种群的变化。我们可以利用这种特性,通过创造特定的条件,以促进某种微生物的异常繁殖——富集培养。这样就可有效地从自然界中分离出我们需要研究的各种各样的微生物。目前,人们经常利用营养特性,设计选择性培养基进行富集培养。因为在甲烷发酵中醋酸和 H_2/CO_2 途径的重要性,富集研究常选择 H_2/CO_2 和醋酸钠基质进行富集培养。在这两种富集培养中,醋酸和 H_2/CO_2 分别作为唯一的有机碳源和能源。许多研究者为了尽快、尽可能全面地分离各种产甲烷细菌,专门设计了不同的富集培养,并在富集中添加抗菌素。

7.2.1.1　富集培养基的组成(表7.1)

表7.1　培养基的组成

NH_4Cl	1 g	$K_2HPO_4 \cdot 3H_2O$	0.4 g
NaCl	0.5 g	酵母膏	1.0 g
0.1% 刃天青	1 mL	蒸馏水	1 000 mL
$MgCl_2 \cdot 6H_2O$	0.1 g	半胱氨酸	0.5%
酪素水解物	1.0 g		

制备培养基过程利用了亨盖特厌氧方法,在 100% N_2 下制备、贮存。在加热煮沸前,pH 值先调到 6.8,然后在 100% N_2 下,用连续注射器分装 50 mL 培养基到 120 mL 血清瓶中,120 ℃灭菌 20 min,接种前加入 1% $NaS_2 \cdot 9H_2O$ 和 10% $NaHCO_3$ 溶液,最终 pH 值为 7.15。

7.2.1.2　富集方法

乙酸钠和 H_2/CO_2(70/30)连续富集四次,其方式和方法如下:

1. 乙酸钠静态连续富集(图7.1)

加青霉素连续富集

5%样品+50 mL MA+NaAc+青霉素

↓第一次富集 37 ℃

第一次富集物

指数中期转移↓$10^{-1} \sim 10^{-9}$滚管

5%第一次富集物+50 mL MA+NaAc+青霉素

↓第二次富集 37 ℃

第二次富集物

指数中期转移↓

5%第二次富集物+50 mL MA+NaAc+青霉素

↓第三次富集 37 ℃

第三次富集物

指数中期转移↓$10^{-1} \sim 10^{-9}$滚管

5%第三次富集物+50 mL MA+NaAc+青霉素

↓第四次富集 37 ℃

第四次富集物

指数中期转移↓$10^{-1} \sim 10^{-9}$滚管

图7.1　乙酸钠静态连续富集

2. H₂/CO₂动态连续富集培养

H_2/CO_2的连续富集方法与醋酸的连续富集相似,不同之处是:H_2/CO_2富集是置于37 ℃、50 r/min 旋转式摇床上培养,H_2/CO_2富集在培养前通入H_2/CO_2(70/30)约1.76 kg/cm²。

7.2.2　产甲烷菌的分离纯化方法

分离纯化是通过各种手段,从样品(自然样品或富集物)中获得纯菌培养物的过程。依据菌的类型、实验室条件等,可采用不同的分离方法。用于严格厌氧菌分离的方法有:滚管法、软琼脂柱法、厌氧箱内划平板法以及用抗菌素富集培养、稀释法。

如果目的是了解某生境中厌氧菌的种类及数量,则需要取样后直接分离。为了避免厌氧菌遇氧死亡,需无菌操作取样。首先准备无氧无菌试管(或培养瓶)和无菌注射器,取样之前最好用无氧无菌气体(可用试管内气体)洗 2 ~ 3 次注射器,将注射器针头刺入取样部位取样,然后把样品注入无氧无菌试管。如从某些自然环境中取样,可用带有严密塞子的瓶子装大约 4/5 容量的样品,可保证大部分样品的无氧状态。取样后尽快分离,特别是量少的样品,以免菌系发生变化或死亡。

7.2.2.1　滚管法分离纯化

滚管法是 Hungate 厌氧技术的一部分,是于盛有溶化的无氧琼脂培养基(45 ~ 48 ℃)的试管中接入适当稀释的菌液,使其在冷水中迅速滚动,琼脂在管内壁凝固成一层,适温培养,细菌可在琼脂层内或表面长成菌落。滚管之前最好用显微镜观察待分离样品,了解样品中细菌的形态类型及大概比例,作为分离结果的参考。滚管法的主要操作包括滚管和取菌落两步。

1. 滚管

取 12 ~ 16 支盛有 4.5 mL 无氧固体培养基的试管,加热融化,置于 45 ~ 48 ℃的水浴中,加入各种补加物。每稀释度两管,共 6 ~ 8 个稀释度。取 6 ~ 8 支盛有 4.5 mL 无氧液体培养基的试管,加入还原剂。用无菌注射器取新鲜样品或对数生长中后期的富集物 0.2 ~ 0.5 mL,10 倍稀释,作为滚管接种物。用无菌注射器取 0.2 mL 样品稀释液接种到已融化的固体培养基中,立即滚管,适温培养。可用手操作滚管,也可用滚管机滚管。

手操作的滚管法是,在搪瓷盘中放入冰水,将接种后、凝固前的固体培养基试管,平放于搪瓷盘中,用手使其迅速滚动,直到培养基凝固为止。

2. 挑取菌落

菌的纯化过程是多次挑取单菌落,稀释滚管的过程。

首先准备好挑取菌落用的弯头毛细管。将滴管的细口段在火焰上拉成毛细管,并使末端弯成近 90°角,截掉部分末端,使弯曲部分保留 2 ~ 3 mm,端部内径 0.5 mm,另一端塞棉花,灭菌备用。准备好滚管用的琼脂培养基及稀释用的液体培养基。

挑取菌落时,用适当的架台和夹子把要挑取菌落的试管固定于解剖镜下,去掉试管胶塞的同时,将气流适当、火焰灭菌过的 N_2 针头迅速插入管内,将一液体培养基试管胶塞去掉,迅速插入另一火焰灭过菌的气体针头。在解剖镜下寻找到要挑取的菌落,弯头毛细管粗口端接一个 60 ~ 70 cm 长的乳胶管,用嘴咬住胶管的末端,小心地把毛细管插入挑取菌落的试管中,注意不要碰到管壁,以防接触杂菌。毛细管口停于要挑取的菌落附近,目光移到解剖镜上,缓缓吸气,让无氧气体充满毛细管,然后吸取菌落,使无杂菌的培养基封闭毛细管口,慢慢抽出毛细管,移入移液管,插入液体中,轻挤胶管,挤出菌落,并洗几次,移出毛细管,塞上胶塞的同时,抽出气头针,如果菌落大,管内杂菌很少,也可不用解剖镜。但最好在解剖镜下挑取,可减少菌落附近杂菌污染的机会,缩短纯化过程。将已挑入菌落的毛细管轻轻摇震,使菌体散开,用液体培养基适当稀释作为接种物滚管。这样重复几次,直到管中菌落形成一致,细胞形态一致,液体培养无杂菌生长,即为纯菌。用解剖镜观察菌落形态时,应注意到琼脂内部与表面菌落形态的差异。产甲烷菌的纯度还可通过接种含有葡萄糖的有氧、无氧液体培养基和含有乳酸盐的无氧培养基,检查是否杂有常见的异养菌及硫酸盐还原菌。

7.2.2.2 软琼脂柱法分离纯化

此法最早是由 Pfennig(1978)提出的,后来广泛用于厌氧菌分离。用多次洗过的琼脂,制备成 3.5%(W/V)的水琼脂,如果培养基中含有中量的 NaCl 或 $MgCl_2$ 等盐类,可将其加入到水琼脂中。以每管分装 3 mL 煮融的水琼脂,加棉塞灭菌。将灭过菌并融化了的水琼试管放于 55 ℃的水浴中,用吸管吸取 6 mL 预热到 40~42 ℃的无氧液体培养基到溶化的水琼中。移液体培养基时,吸管头要插入水琼脂中,以减少液体培养基接触空气进氧的机会。滴管加几滴待分离的样品于融化的琼脂培养基中,然后用 6~8 支试管系列稀释,加入适量还原剂溶液,并用滴管将培养基混匀,放于冰水中使培养基凝固,立即封一层约 2 cm 厚的蜡油(1 份石蜡,3 份矿油),用丁基橡胶塞塞好,或用 90%的 N_2 和 10%的 CO_2 的混合气赶管内空气后再塞胶塞。培养 1~2 d,重新融化管内石蜡油,保证其密封效果。适温培养,直到高稀释度管中长出分离的菌落。取出琼脂柱,用吸管吸取菌落,置无氧无菌的液体培基中,用以上方法重复分离,直到获得纯培养物。

除以上两种分离纯化方法外,平板划线法和稀释法也可用于厌氧菌的分离。

随着厌氧箱的完善和普及,操作简单的平板划线法近来也用于严格厌氧菌的分离。稀释法分离纯化一般用于难以长出菌落的细菌。首先通过严格的富集培养,确保分离对象在培养物中的数量占绝对优势,然后稀释纯化。得到的培养物必须接种营养较丰富的有氧、无氧培养基,无杂菌生长后,才能认为是纯菌。

7.3 产甲烷菌形态观察

产甲烷菌的表型分析一般能把一株菌鉴定到属但很难鉴定到种。一些种有明显的特征,所以如果知道菌的来源,一些种可通过显微镜来鉴定。例如,已知的能动、螺旋状甲烷菌是亨氏甲烷螺菌;所有已知的有假八叠形态的嗜热甲烷菌是嗜热甲烷八叠球菌,而所有已知的中温、分解乙酸的有鞘杆菌是索氏甲烷菌。另一方面,一些微生物即使有更多的细节也还没法将其归到属。例如,中温、淡水甲烷球菌,在中性 pH 下以(H_2+CO_2)或甲酸盐生长,可以归到两个科的四个属:产甲烷菌属,甲烷盘菌属,甲烷袋状菌属或甲烷微粒菌属。在没有分子分析的情况下要把一个新的球菌归到四个属中的一个是困难的。对大多数菌而言,知道其生理及形态特征有助于将其归到属。

产甲烷菌一般形态学的描述和标准的细菌学方法没有什么不同。只是由于甲烷菌的细胞壁不含胞壁质,而使得革兰氏染色不是那么重要。大小、形状、细胞间的排列通过对湿样的观察来描述。一些产甲烷菌(特别是万尼氏甲烷球菌,当暴露于空气中时)会裂解。但湿样快速制备和观察,还是能看到细胞。在这种情况下,还是有必要在厌氧培养室中制备湿样并就地观察(显微镜附件安装于厌氧培养室中),或者在将其从厌氧培养室中取出前用 Vaspar 密封湿样的边缘。

产甲烷细菌含有独特的 F_{420}, F_{420} 氧化态时在 420 nm 处可发出蓝绿色或亮绿色荧光。这是产甲烷菌所独有的特性,利用这一特性可以检测在滚管琼脂上哪些菌落是产甲烷菌,作为初步鉴定分离物是否属产甲烷菌的一种手段。

7.3.1　菌落形状和荧光的检测

1. 设备

具落射荧光(Incident fluorescent light 或 Epifluorescent light)装置的荧光显微镜。

2. 操作步骤

(1)开启荧光显微镜电源,再开启荧光灯,待所发射的荧光稳定后即可使用。

(2)首先用钨丝灯光源调节焦距和位置,使菌落在视野中央,如菌落太大,则可调节菌落局部在视野中。

(3)关闭普通光源,插入滤光片,换荧光源,在视野中即可见到蓝绿至亮绿色荧光。滤光片有两个系统,即激发滤片(Excitationfilter)和抑制滤片(Barrierfilter)。由于产甲烷菌在使用广谱紫外线照射后均能产生自发荧光,可用此鉴定产甲烷菌。目前发现产甲烷菌产生的荧光已有多种,主要为辅酶 420,即 F_{420},在 420 nm 波长激发下产生荧光,使用激发滤片系统 D 和抑制滤片 K_{460}。另一种辅酶为 F_{350},同样可在 350 nm 波长激发下产生荧光,因此可采用滤光片系统 A 和 K_{430} 作为抑制滤片。420 nm 下激发的荧光黄绿色,350 nm 下激发的荧光蓝白色。一般在 420 nm 下激发的荧光比 350 nm 处强。因此选择适当的激发滤片和抑制滤片是很重要的。产甲烷菌细胞内除辅酶 F_{420}、F_{350} 外,其他还有 F_{340}、F_{342}、F_{430} 等,F_{430} 为一种黄的荧光化合物。产甲烷菌的幼培养荧光强,老培养仅有微弱的荧光。由于在紫外光照射下发生光还原作用而使荧光消失,但在黑暗下又恢复荧光至原来状态,F_{350} 的荧光在黑暗下不能恢复。在普通光源下,可观察到产甲烷菌各个种菌落的不同形态,甲酸甲烷杆菌在 H_2/CO_2 或甲酸盐基质上生长形成的菌落,呈乳白色,较干燥,边缘呈绒毛状散射,菌落中央由许多呈菌丝状物组成,荧光较强,但易消失,呈亮绿色。嗜树木甲烷短杆菌菌落为圆形和透明,边缘光滑,在荧光镜下荧光强,而且不易消失。马氏甲烷球菌在甲醇或乙酸盐上形成的菌落呈乳白色至乳黄色,成沙粒状堆积,萤火呈蓝绿色,不如甲酸甲烷杆菌的荧光强,且移接次数多后,荧光有减弱或不显荧光的现象。亨氏甲烷螺菌菌落周边成叶状,菌落中为间隔条纹如同斑马条纹,荧光较强,但极易消失,消失过程可在 4～5 s 内完成。

7.3.2　菌体湿标本的荧光检测

1. 设备

(1)灭菌 1 mL 注射器。

(2)高纯无氧的 N_2 气流。

(3)洁净载玻片。

2. 操作步骤

(1)以无氧操作技术抽取欲观察的液体培养物少许,均匀涂布于洁净载玻片中央,不宜太厚,如液体培养物中菌体数量较多,可加 1 滴蒸馏水,仔细盖上盖玻片,不使菌液中产生气泡。

（2）按上述操作方法，先在钨丝灯下看清楚菌体形态后，再在荧光下进行观察，可见到产生绿色荧光体的菌体。初步试验表明，产甲烷细菌细胞暴露在空气下 24 h，仍保持有荧光，因此应用湿标本菌体仍能表现出荧光。菌体在紫外光下不易消失，而甲酸甲烷杆菌和亨氏甲烷螺菌、嗜热甲烷杆菌、瘤胃甲烷杆菌等在荧光显微镜下呈现荧光时间很短，因此很难进行荧光摄影。在荧光显微镜上摄影，可采用相差物镜或荧光物镜。

7.4　产甲烷菌的保存方法

实际上在所有实验室中细菌培养物都是通过定期将其转接到新鲜的培养基上来保存的。

在完成生长后，培养物在转到新培养基之前可以在温室或冰箱保存。这种短期保存方法对在试验中提供有活力的接种物是有用的，但容易发生培养物污染。可以通过延长培养物传代之间的时间来减少污染和遗传变异。但是产甲烷菌苛刻的厌氧要求和一些培养物在缺乏代谢底物时的生存能力差，常常限制传代时间，一般是一个月或更短。呈休眠状态（通常冷冻）的培养物长期保存无需定期地传代，研究产甲烷菌的实验室都应用长期保存法来保存其培养物。

7.4.1　短缺保存法

许多产甲烷菌的液体培养物可保存一个多月。嗜盐甲烷菌如甲烷嗜盐菌耐受力很强，可保存几个月，但是很多球型甲烷菌，甲烷球菌和许多甲烷微菌会很快死亡，几小时到几天后，培养物中就没有活的细胞存在。

在有代谢底物和无 O_2 情况下保存，可延长液体培养物的存活时间。以 H_2 和 CO_2 生长的培养物加入 H_2 和 CO_2 形成正压，在低于其最适温度下保存，可延长其生长期，可溶性底物（甲酸盐、乙酸盐、甲胺）的培养物也可用这种方法处理，或者在斜面上生长，这样底物从琼脂培养基扩散到表面为微生物持续地提供代谢底物。琼脂斜面（每升加 10 g 琼脂的培养基 10 mL）在密封的 Balch 试管中制成，用注射器注入 1 滴培养物。

O_2 的进入会使得保存一个多月的培养物的存活率降低。O_2 的进入可能是扩散或不合适的塞子造成的渗漏，或者塞子被针刺过多次。渗漏（而不是扩散）可以使培养容器保持正压来克服。氢利用产甲烷菌的培养和保存都是在正压情况下进行。制备培养基时，气相部分是 N_2 和 CO_2。在接种后，加入 H_2 成为正压。在这种情况下，生长后的内部压力降至基本和大气压相近（但不会低于）。如果培养物在生长后，要重新加压，应加入 H_2—CO_2 的混合气体（3∶1）。

即使是无渗漏塞子，通过塞子的扩散仍是存在的。保存在用丁基橡胶塞密封的 Balch 试管的培养基被氧化前的有效期平均是大约两个月左右。如果假定在新鲜培养基中加入的还原剂都是还原态的，通过塞子的 O_2 的扩散是还原剂氧化的唯一原因，我们可以粗略地估计 O_2 进入试管的速率。以完全氧化培养基中的还原剂计（假如是 0.5 μmol），则 O_2 的扩散率为 0.25 μmol/月。血清瓶中的培养物的期限更长些，因为较多的液体培养基有更多的还原剂，也就有更大的去除 O_2 的能力。在长期保存中 O_2 进入密封培养容器的问题，可通过把容器保存在厌氧瓶或厌氧培养室中来减少到最低程度。

在短期保存方法必要的传代中,污染也是个问题。在所用的丰富培养基中污染很容易发现。在这样培养基中污染菌的大量生长通常是明显的。相反,培养物维持在无机盐培养基或是以乙酸盐或三甲胺为唯一有机底物的培养基中,污染菌很难察觉。这些污染菌的数量如此之低以至于显微镜观察也发现不了。假如一定要用这些培养基来保存培养物,这些培养物的污染检查应包括将其接种到液体琉基乙酸这样的丰实培养基中。

7.4.2　培养物的长期保存

甲烷杆菌、甲烷短杆菌和甲烷八叠球菌可以冷冻干燥法保存;有蛋白质细胞壁的甲烷菌冷冻干燥法很少有成功的。程序是:在 0.1 mL 安培瓶的开口处接上一节乳胶管(约 3 cm),再将其放在带盖培养试管中高压灭菌,并在厌氧培养室中放置几个星期。在厌氧培养室中向小瓶加入细胞悬浮液后(用带针注射器),再用夹子夹住乳胶管暂时密封,然后将其从厌氧室中取出,用喷灯在玻璃开口处封管。在加热封管前,用针插入乳胶管中以使在加热瓶颈时,热气体能从小瓶中跑掉。这个方法可使得玻璃瓶中的培养物在不接触 O_2 的情况下密封。

Hippe 描述了玻璃毛细管中冷冻甲烷菌的方法。美国俄勒冈甲烷菌保藏中心的甲烷菌长期保存的主要方法是密封于小玻璃瓶,在液氮中保存。液体培养基中的培养物长好后,加入灭菌、无 O_2 的甘油溶液(50% 甘油)到终浓度为 10% 在厌氧培养室中(气体为 65% N_2、30% CO_2 和 5% H_2),0.5 mL 上述细胞悬浮液加入到无菌安培瓶中。准备在连续通气过程中,用针从胶管侧面加入细胞悬液。

美国俄勒冈甲烷菌保藏中心也用螺旋盖小瓶进行产甲烷菌的保存(几年)。塑料瓶比玻璃瓶准备起来方便。在用前几个星期就将其放入厌氧培养室,在室内装好培养物;取出后立即冷冻。该中心发现这种方法同样可以保存达两年,但更长时间的保存就不行了。冷冻密封小瓶最可靠的方法是从 20～40 ℃ 以约 1 ℃/min 的速率降温。此后就可将小瓶浸入液氮中快速冷冻。一些菌株(如甲烷杆菌、甲烷短杆菌和甲烷八叠球菌)对冷冻不太敏感,这样,未冷冻小瓶可直接放入液氮中。另一些培养物(如甲烷球菌、甲烷微粒菌和甲烷袋状菌)在这样的条件下不能很好存活,但在控制冷冻率后容易复活。控制冷冻率的设备已有产品。可以用一厚的金属板来造一个冷冻器,上有小孔,小瓶正好放下。孔下面是一空腔,有两上口(进口和出口),这样可用液氮来冷却此板。用阀门控制液氮以恒定速率进入,使金属板按上面的速率冷却。这个冷冻方法对所有的甲烷菌的复活都有很好的效果。俄勒冈产甲烷菌保藏中心得到的冷冻培养物存活率大于 90%。

当密封玻璃小瓶保存在液氮罐中时,如果罐中的液氮淹没了一些小瓶,就会有爆炸的潜在危险。冷冻后,瓶内压力很低,如果小瓶没有很好密封,液氮就会被吸入小瓶内。一个不明显的针尖样小孔的渗漏会导致液氮在瓶内慢慢累积。当这样的瓶从罐中取出时,升温使瓶内压力急剧增加可能导致爆炸。所以在从液氮罐中取出玻璃瓶时应穿上防护衣,包括厚手套和金属面具。

玻璃瓶从液氮罐中取出后,应快速融化并用酒精对表面进行消毒。然后打开小瓶,用注射器取出悬液(先用无 O_2 气体冲洗)。注入无菌培养基中,塑料小瓶从罐中取出,应快速融化并转入培养基中,瓶内悬液经常被氧化(含刃天青的培养基变红),但如快速转到无 O_2 呈还原态的培养基中,还是能存活。

7.5 产甲烷菌的生理学特性测定

7.5.1 碳源利用特征测定方法

7.5.1.1 设备和培养基

(1)高纯无氧的 N_2 气流、H_2 气流和 CO_2 气流。

(2)1 mL 灭菌注射器。

(3)灭菌的厌氧液体基础培养基。

(4)厌氧试剂。

(5)欲试验的基质:H_2/CO_2、HCOONa、CH_3OH、CH_3COONa、CH_3NH_2、$NH(CH_3)_2$、$N(CH_3)_3$ 等。

(6)分光光度计。

(7)气相色谱仪。

7.5.1.2 操作步骤

(1)在装有 20 mL 灭菌的厌氧液体培养基的 50 mL 玻璃瓶中,以无氧操作技术,各接入约 48 h 菌龄的菌液 0.4 mL。按量加入各厌氧试剂。然后分别加入无氧灭菌的 HCOONa、CH_3COONa、CH_3OH、$(CH_3)NH_2$、$(CH_3)_2NH$、$(CH_3)_3N$、CO_2/H_2 等,使 HCOONa、CH_3COONa、CH_3NH、$(CH_3)_2NH$、$(CH_3)_3N$ 等最终浓度为 0.05 mol/L,CH_3OH 的为 0.5%,CO_2/H_2 为 2 atm(1 atm≈101.325 kPa),重复 3~4 次。在 37 ℃下振荡培养 7~10 d。

(2)振荡培养 7~10 d 后,测定各处理的甲烷生成量,比较各碳源供给处理间甲烷生成量的差异。也可在 72 型分光光度计上 660 nm 处测定光密度,比较其生长的差异。这就可测出所试验菌种所要求的碳源。

7.5.2 产甲烷菌生长的营养物测定

产甲烷菌的正常生长,除能源(底物)之外,还需要各种无机或某些有机成分,都属于营养要求的范畴。此处只简要介绍对有机成分要求的测定。

7.5.2.1 设备和培养基

(1)高纯无氧 N_2 气流、H_2 气流和 CO_2 气流。

(2)1 mL 灭菌注射器。

(3)10~30 mL 灭菌注射器。

(4)灭菌的厌氧液体基础培养基。

(5)厌氧试剂。

(6)各欲试验的灭菌的生长物质,如:酵母膏、瘤胃液(注),胰酶解酪蛋白。

(7)气相层析仪。

(8)72 型分光光度计。

7.5.2.2 操作步骤

(1)在装有 20 mL 灭菌培养基的 50 mL 玻璃瓶中按量加入各厌氧试剂,接 0.4 mL 液体菌液。

（2）分别加入酵母膏、瘤胃液、胰酶解酪蛋白等生长物质,使这些物质在培养基内的最终浓度达到 0.2%。

分别在同一瓶内加入酵母膏和瘤胃液或酵母膏和胰酶解酪蛋白等不同的组合。

分别加入酵母膏(或瘤胃液或胰酶解酪蛋白等)使最终浓度分别达到 0.1%、0.2%、0.3%。

（3）再加入欲试验菌种的碳源物质,浓度和碳源试验相同。若以 H_2/CO_2 作为能源物质,通入 2 atm 的混合气体($H_2 : CO_2 = 80 : 20$ 容积比)。在 37 ℃下振荡培养 7 ~ 10 d。

（4）按第三节方法测定每瓶中的甲烷形成量。比较各生长物质和不同浓度的生长物质对于甲烷形成量的刺激差异。或在 72 型分光光度计上 660 nm 处测定各处理培养物的光密度,比较其差异。

[注]瘤胃液的制备:采集瘤胃液或瘤胃内含物后,静置,倾取上清液,用多层纱布过滤,于 121 ℃(1.05 kg/cm^2)灭菌 20 ~ 30 min,冷却后以 5 000 r/min 离心 20 ~ 30 min,取上清液装于试剂瓶中,置冰箱低温保存。

7.5.3　产甲烷菌生长的最适 pH 及最适温度测定

7.5.3.1　生长最适温度的测定

用液体培养基接种后,置 5 ℃间隔的水浴中培养,生长情况可通过 CH_4 产量或光密度测定。培养 2 ~ 3 d(对数生长早期),观察少数几个明显生长的结果,用于确定最适生长温度。延长培养 3 ~ 4 周(生长周期的 2 ~ 3 倍)的测定结果用于确定生长的温度范围。

7.5.3.2　生长的最适 pH 及 pH 范围的测定

近年来普遍有用 NaOH(或 Na_2CO_3)和 HCl 溶液调培养基 pH,早期测定,确定生长最适 pH 的方法,代替了过去用无机或有机 pH 缓冲剂控制培养基 pH 的方法。因用缓冲剂操作麻烦,较明显地改变了培养基的成分,并且多数 pH 缓冲剂都较昂贵。

7.5.3.3　测定的设备和培养基

（1）无氧 N_2 气流、H_2 气流和 CO_2 气流。

（2）灭菌的 pH 值为 7.5 的无氧磷酸盐缓冲液,每 50 mL 瓶装 20 mL。

（3）灭菌无氧的 1% Na_2S。

（4）灭菌无氧的 1% HCl 和 10% NaOH。

（5）气相层析仪。

（6）酸度计(PHS-29 型)。

（7）72 型分光光度计。

7.5.3.4　操作步骤

（1）按试验菌株的营养要求配制的培养液,在已灭菌的每个玻璃瓶 20 mL 培养液中,加入 5% $NaHCO_2$ 和 1% Na_2SO_4 后,pH 值为 7.0 ~ 7.1,再用 1% Na_2CO_3 或 2% HCL 调节 pH 值至 5.0 ~ 9.0 之间,中间间隔各 0.5 即 5.0、5.5、6.0…9.0。若碳源基质为 H_2/CO_2,由于通入 2 atm 的 H_2/CO_2 混合气体后,在碱性范围内的 pH 值明显下降,因此应采用 Tris 缓冲液(即三羟甲基氨基甲烷缓冲液),再加入要求的营养液,培养液中只用 K_2HPO_4、半胱氨酸,用量为 1%。用酸、碱液调节 pH 值分别为 8.0、8.5、9.0、9.5、10.0 后,再每瓶分装 20 mL,灭菌后,

同法加入 Na_2S、$NaHCO_3$。

（2）各瓶中接入 2%（即 0.4 mL）所分离的产甲烷菌的液体培养物。

（3）若碳源为 H_2/CO_2 时，通入 2 atm 的 H_2/CO_2 混合气。

（4）置 37 ℃下振荡培养 4~5 d。

（5）测定每瓶发酵液的 pH 值、CH_4 形成量和培养物在 660 nm 处的光密度。CH_4 形成量最大的 pH 值（培养液的最终 pH 值）即为此菌的最适 pH 值。一般产甲烷菌对酸较为敏感，而对碱性的适应性较强。

7.5.4　产甲烷菌对 NaCl 等盐分适应力的测定

产甲烷菌往往依据其来源不同而对 NaCl 有不同的反应。一般淡水来源的菌不要求 NaCl，海洋或咸水湖的细菌则要求 NaCl，有的还要求 Mg^{2+} 等。因加入的 NaCl 或 $MgCl_2$ 的量一般较大，可用天平称取固态 NaCl 或 $MgCl_2$，放入培养瓶中，驱氧、装入液体培养基，以便保证培养基量一致，便于气体定量测定。量很少的盐类，可用无氧无菌溶液的形式加入。

7.5.5　产甲烷菌的倍增时间测定

倍增时间是指细菌的细胞数增加一倍所需的时间。不同的细菌倍增时间不同。同一个菌，其倍增时间取决于培养条件。通常倍增时间是指某菌在最适条件下的结果。细菌细胞数目的增长可用显微镜直接计数法，也可用比浊法，但较为简便、准确的方法是用产物（H_2、CH_4、有机酸等）的增长代表细胞数的增长。

细胞量的直接确定法，如细胞量的重量确定法，或 DNA、蛋白质等的测定，往往是费时而不准确的。在培养物呈絮状生长为丝状或聚合体时，细胞量很难准确地由浊度法测定。

一个间接的细胞量的测定法是产物形成。一些微生物形成单一的代谢产物。比细胞产量（形成的细胞的摩尔产量）在对数生长期是不变的。在一定条件下，培养物生长中形成的产物与生成的细胞量呈一定的比例。参见表 7.2。

表 7.2　在培养瓶中细胞生长与甲烷累积的理论关系

时间/h	倍增数	细胞/mg	甲烷/μmol	甲烷+接种物的甲烷/μmol
0	0	1	0	50
8	1	2	50	100
16	2	4	150	200
24	3	8	350	400
32	4	16	750	800
40	5	32	1 550	1 600

倍增时间的测定与计算方法：

选用容积 80 mL（气相 50 mL）以上的培养瓶，设 3~4 个重复，接种 2% 旺盛生长的菌种，最适条件培养，每天测 CH_4 产量 2~3 次，直到对数生长后期。以时间为横坐标，CH_4 产量的对数值为纵坐标划出曲线。

在生长曲线的直线部分取点，可以根据下式计算：

$$N_{t1} = N_{t1} + nP$$

$$\lg N_{t2} = \lg N_{t1} + n\lg P$$

可以得到产甲烷菌的倍增时间 $G = \dfrac{t_2 - t_1}{n}$

式中　N_{t1}——对数生长较早某一时刻的细胞数（CH_4 量）；

$\quad\quad N_{t2}$——对数生长较晚某一时刻的细胞数；

$\quad\quad n$——从 t_1 到 t_2 的世代数；

$\quad\quad P$——一个细胞每一世代的子细胞数，因细菌通常是二分裂，所以 P 为 2。

第8章 产甲烷菌的工业应用

产甲烷菌是厌氧发酵过程中最后一个环节,在自然界碳素循环中扮演着重要角色。由于产甲烷菌在废弃物厌氧消化、高浓度有机废水处理、沼气发酵及反刍动物瘤胃中食物消化等过程中起关键性作用,也由于产甲烷菌所释放出来的甲烷是导致温室效应的重要因素,产甲烷菌的研究必将成为环境微生物研究的焦点。产甲烷菌的研究意义大致可以概括为以下几个方面:

(1)为生物地球化学研究领域工作打开一个新的局面。

(2)是一个开展生物成矿研究的起点,它对拓宽我国金属和非金属矿床找矿具有重要的意义。

(3)是天然气成矿理论研究的一部分,对扩大天然气勘探领域有重要影响,尤其是在未熟-低成熟地区寻找靶区,具有理论指导意义。

(4)产甲烷菌酶系统的生气模拟实验能为生物气的储量计算提供可靠的数据。

(5)研究某些菌群在成油及形成次生气藏中的作用机理,以及微生物降解原油的机制。

(6)研究甲烷氧化菌,根据气体分子扩散运移机理,建立较好的地表勘探方法。

(7)有可能利用微生物代谢 Cl 化合物的能力,来消除可能的环境污染物(如 CO 和氰化物等),并有可能在实验室和工业上利用这些微生物的酶系促使若干种化合物在常规(常温、常压)条件下进行化学转化,为人类生产和生活服务。

(8)利用某些微生物作为食物链中一个新的环节,使家畜等能够间接利用甲烷为饲料;并有希望间接或直接地利用微生物产生的蛋白质和糖类,作为地球上迅速增长的人口的补充食物来源。

(9)通过细菌的生物活动,每天有大量甲烷气产生,可作为替补能源。

产甲烷菌在自然界中的种类和生态类群是相当丰富的,随着厌氧培养技术和分子生物学技术的不断发展,人们对产甲烷菌这一独特类群的研究将更加细致和全面,产甲烷菌由于具有独特的代谢机制,所以必将在环境和能源等工业领域发挥重要的作用。

8.1 厌氧生物处理

20 世纪 70 年代和 80 年代,由于世界范围内出现的能源危机,使得世界各国不得不努力寻找其他可替代的能源。因此,生物质能源或再生能源利用的研究十分重要,而产甲烷菌能够有效地分解污泥、粪便中的有机物,产生沼气,不但减少了环境的污染,而且可以提供廉价的能源。因此,能够产生沼气的产甲烷菌的研究,日益受到各国的重视。

产甲烷菌具有独特的代谢机制,能使农业有机废物、污水等环境中其他微生物降解有机物降解后产生的乙酸、甲酸、H_2 和 CO_2 等转换为甲烷,既可生产清洁能源,又可实现污水中污染物减量化;同时,其代谢产物对病原菌和病虫卵具有抑制和杀伤作用,可实现农业生产、生活污水无害化。因此,产甲烷菌及其厌氧生物处理工艺技术在工农业有机废水和城镇生活污水处理方面具有广阔的应用前景。

厌氧生物处理生成甲烷一般需要 3 类微生物的共同作用,而最后一步由产甲烷菌微生物完成的甲烷生成则是限速步骤。高活性的产甲烷菌是高效率的厌氧消化反应的保证,同时也可以避免积累氢气和短链脂肪酸。当然,这一限速步骤也容易受到菌体活性、pH 值和化学抑制剂等多种因素的影响。

产甲烷菌作为一种厌氧菌,需要严格的厌氧条件,单纯地分离和培养产甲烷菌,目前主要集中于产甲烷菌的分类学研究中,而对产甲烷菌进行大量的应用,尚有一定的距离。对产甲烷菌进行富集培养、营养基质的研究成为利用产甲烷菌生产沼气的主要方向。

在厌氧消化反应器中,目前研究较多的是 *Methanosaeta* 和 *Methanosarcina* 这两种乙酸营养产甲烷菌。*Methanosaeta* 具有较低的生长速率和较高的乙酸转化率;而 *Methanosarcina* 具有相对高的生长速率和低的乙酸转化率。这两种类群数量不仅受控于作为底物的乙酸的浓度,也受控于其他营养物的浓度。在工业应用中,*Methanosaeta* 在高进液量、快流动性的反应器(如 UASB)中使用广泛,可能与它们具有较高的吸附能力和颗粒化能力有关。而 *Methanosarcina* 对于液体流动则很敏感,所以主要用于固定和搅动的罐反应器。温度和 pH 值是影响厌氧反应器效率的两个重要参数。对于温度而言,一般的中温条件有助于厌氧反应的进行,并同时减少滞留时间。在高温厌氧消化器中,常见的氢营养产甲烷菌主要是甲烷微菌目(Methanomicrobiales)和甲烷杆菌目(Methanobacteriales),它们的厌氧消化能力一般是随着温度的升高而增强,但过高的温度会使其受到抑制,因此,为保证厌氧消化的顺利进行,一般需要选择合适的温度。对于 pH 值来说,大多数产甲烷菌的最适生长 pH 值是中性略偏碱性,但一般增大进料速率会导致脂肪酸浓度的增大,从而导致 pH 值降低,因此,耐酸的产甲烷菌可以提高厌氧反应器的稳定性。Savant 等从酸性厌氧消化反应器中分离到一株产甲烷菌(*Methanobrevibacter acididurans*),其最适 pH 值略偏酸性,向厌氧消化反应器加入该产甲烷菌可以有效增加甲烷的产生量,减少脂肪酸的积累。

8.2　煤层气开发

煤层气是在较低的温度条件下,有机质通过各种不同类群细菌的参与或作用,在煤层中生成的以甲烷为主的气体。产甲烷菌对煤层气的形成起着重要的作用,目前已发现的产甲烷菌有低温型、中温型和嗜热型。生物成因煤层的形成方式主要有两种:一种是由 CO_2 还原而成;另一种由甲基类发酵而成。这两种作用一般都是在近地表环境的浅层煤层中进行的。地表深处煤层中生成大量生物成因气的有利条件是:大量有机质的快速沉积、充裕的孔隙空间、低温,以及高 pH 值的缺氧环境。美国地质研究中心的 Elizabeth. J. P 等对煤层甲烷产生的过程中产甲烷菌群的生理活性和煤降解的过程作了相关分析,研究得出,在产甲烷菌混合菌群的作用下煤样会发生降解产气。研究还建立了与之相适应的生物检测法,对煤的微生物降解产甲烷进行了定量的研究。

近年的煤层气勘探开发研究中,主要从热成气角度考虑煤层甲烷的形成,而煤被产甲烷菌等厌氧菌降解生成次生生物气一直是人们所关心的问题。Smith. J. W 等测定了澳大利亚悉尼盆地二叠系烟煤中煤层气的组成和同位素组成,提出了这两个盆地煤层气的生成机理主要是生物成因。Ahmed. M 等从有机地球化学角度研究了上述两盆地二叠系煤岩中有机物质的生物降解作用,进一步论证了产甲烷菌在煤层甲烷形成过程中的重要作用。

Kotarba. M. J 用地球化学方法研究了波兰 Silesian 和 Lublin 盆地晚石炭世含煤地层煤层气的组分和同位素组成,经综合测试分析得出这两个含煤地层煤层气主要为产甲烷菌经 CO_2 还原途径生成的次生生物成因气。美国地质研究中心的 Elizabeth. J. P 等对煤层甲烷产生的过程中产甲烷菌群的生理活性和煤降解的过程作了相关分析,研究得出在产甲烷菌混合菌群的作用下煤样会发生降解产气。研究还建立了与之相适应的生物检测法,对煤的微生物降解产甲烷进行了定量的研究。

近年来,使用产甲烷菌群开发煤层气资源,主要使用两种方式:一种方式是直接从环境中筛选驯化高效的厌氧菌群,将其接入难以开采的煤层中,在天然地质条件下利用微生物厌氧发酵开发次生煤层甲烷。如 Volkwein. J. C 等发明了一系列厌氧菌制剂(包含有产甲烷菌),能直接应用于难于开采的煤矿中,在天然的条件下降解其中的煤等高分子有机物产生清洁的甲烷生物气。这一技术被称为地质生物反应器(Geobioreactor),其主要工作原理就是在天然的地质条件下通过接入相关的微生物制剂,利用原始环境的条件作为反应器来进行生物气开发或者矿区环境修复等。另一种方式是通过设计合适的厌氧生物反应器,在实验室的条件下利用产甲烷菌等厌氧菌降解煤产生清洁能源。如 Kohr. W. J 等设计出包含矿物的破碎、预处理和生物催化等多个流程点的生物催化反应体系,利用产甲烷菌群作为主要的生物催化剂进行煤的生物转化,研究取得了明显的效果,并获得了相关专利。产甲烷菌群在煤的生物转化中起着重要的作用,然而要使其能投入工业应用,还需要解决转化效率低、反应时间长、培养成本高等限制性问题。

8.3　酿酒行业

20 世纪 60 年代末至 80 年代初,中科院成都生物所先后从污水处理厂泥浆中与沼气池中分离出了产甲烷菌。近年来,该所从特殊生态环境的酒厂老窖泥中分离出布氏甲烷杆菌,实践表明,该菌在酿酒过程中有独特作用。

目前一般认为,产甲烷菌只能产沼气、治理环境污染,但产甲烷菌能参与酒窖发酵及其在酿酒中的特殊作用还鲜为人知。产甲烷菌是一个特殊的、专门的生物群,它具有特殊产能代谢功能。H_2 和 CO_2 几乎是所有产甲烷菌都能利用的底物,在氧化 H_2 的同时把 CO_2 还原为 CH_4。它是沼气发酵微生物中的重要细菌类群。科研人员在研究泸酒大曲和窖泥微生物区系结构以及泸酒香型与窖泥微生物关系的基础上,又深入开展了酿酒各类微生物之间的作用和相互关系的研究,从而加深了浓香型曲酒发酵机理的认识。老窖泥中除存在产己酸菌的产香功能菌外,还有产甲烷菌。它们既是生香功能菌,又是标志老窖生产性能的指示菌,并发现窖泥中存在多种形状的产甲烷菌(杆状、球状、不规则状等)。说明酒窖中的厌氧环境和各种基质(如 CO_2、H_2、甲酸、乙酸等)给产甲烷菌的生长和发酵提供了有利条件。科研人员采用严格的洪格特厌氧技术分离出了布氏甲烷杆菌 CS 菌株,将该菌与己酸菌共同培养,发现它们之间存在"种间氢转移"关系。己酸菌代谢产物中积累 H_2,产甲烷菌则利用 H_2 和 CO_2 形成甲烷。

己酸菌的环境得到改善后,促进了己酸菌的生长和产酸。己酸和乙酯在酯化酶作用下产生己酸乙酯。己酸乙酯是酒质中的主体香成分,进一步提高了酒的品质。根据研究结果,又将产甲烷菌和乙酸菌共栖于窖泥中培养,使之形成稳定的代谢联合作用,使酒质得到明显改进。目前,该项技术已用于科学院在黄淮海地区的攻关项目上,使封丘等酒厂的产品质量大大提高。经专家鉴定,此项技术酿出的酒,酒味协调,浓香突出,后味余长。经过 50 d、60 d 发酵的酒,己酸乙酯质量分数分别平均达 180 mg/100 mL 和 200 mg/100 mL。浓香型曲酒发酵过程中,对功能菌的种类、生理、生化特性及作用,以及如何满足功能菌所必需的条件和各类微生物群体间相互关系的研究,是促进曲酒发酵技术朝着更完美、更科学的阶段发展的必由之路。

8.4 微生物采油

传统的强化采油技术(Enhanced Oil Recovery,EOR)有热力驱法、化学驱法和聚合物驱法等。微生物强化采油(Mleroblal unhanced Oil Recovery,MEOR)又称微生物采油,是继热力驱、化学驱、聚合物驱等传统的方法之后利用微生物的代谢活动提高原油采收率的一项综合性技术。MEOR 技术能够利用微生物代谢产生的聚合物、表面活性剂、二氧化碳及有机溶剂等有效驱油,与其他 EOR 技术的区别仅在于驱油剂进入油层的方式是以微生物为媒介。该技术与其他传统的技术相比,具有工艺简单、操作方便、适用范围广、成本低廉、经济效益好和无污染等优点。

利用微生物提高稠油开采效率早在 20 世纪 20 年代就已经提出,迄今已有近一个世纪的发展历史。从早期的利用微生物清除水质及土壤的原油污染,发展成今天油田上常用的微生物清除蜡、单井吞吐、调剖、降黏、选择性封堵地层、强化水驱等诸多实用技术。产甲烷菌在微生物强化采油方面的应用主要表现在烃厌氧降解上,并且需要由两部分不同功能菌群协同作用才能完成。首先需要一定的菌群将烃降解为小分子有机物,然后小分子物质再通过另一部分菌群最终转化成甲烷。食碱菌属、脱硫菌以及发酵菌参与了第一部分的厌氧反应,它们将石油烃降解为小分子有机物。产甲烷菌将第一部分的产物转化成甲烷。产甲烷菌主要有三类:乙酸营养型产甲烷菌,利用乙酸产生甲烷;氢营养型产甲烷菌,利用 H_2 和 CO_2 产生甲烷;乙酸氧化菌,先将乙酸共生氧化成 H_2 和 CO_2 后,再由氢营养型产甲烷菌利用 H_2 和 CO_2 产生甲烷。

MEOR 技术的关键是选育石油开采微生物。这类微生物需要在极端油藏环境条件下旺盛地生长繁殖并保留活性,能产生有利于提高原油采收率并对环境无污染的代谢产物。

目前广泛应用的异源菌主要有假单胞菌、芽孢杆菌、微球菌、棒杆菌、分支杆菌、节杆菌、梭菌、甲烷杆菌、拟杆菌、热厌氧菌等。它们通常属于厌氧菌或兼性菌,代谢产物有生物气体(氢气、甲烷等)、有机酸(甲酸、乙酸、丙酸,乳酸等)、表面活性剂、生物聚合物、有机溶剂(甲醇、乙醇、丙醇、丙酮)等。

通过接种微生物或营养物,使微生物在油层中生长繁殖,并代谢产生生物表面活性剂、有机酸、生物聚合物、气体等。这些微生物或其代谢产物分别作用于原油并发挥各自的驱动动能。降低原油的黏度,增加原油的流动性能,驱使原油从油井中采出,从而提高原油的采收率。

8.5　生物制氢

8.5.1　生物制氢技术

大量的研究资料显示,根据微生物的生理代谢特性,能够产生分子氢的微生物可以分为以下两大主要类群:第一,包括藻类和光合细菌在内的光合生物;第二,诸如兼性厌氧的和专性厌氧的发酵产氢细菌。由于产氢的微生物划分为光合细菌和发酵细菌两大类群,目前生物制氢技术也发展为两个主要的研究方向,即光合法生物制氢技术和发酵法生物制氢技术。

1. 光合法生物制氢技术

自 Gaffron 和 Rubin 发现一种栅列藻属绿藻可以通过光合作用产生氢气以来,不断深入的研究表明,很多的藻类和光合细菌都具有产氢特性,目前研究较多的主要有颤藻属、深红红螺菌、球形红假单胞菌、深红红假单胞菌、球形红微菌等。

从目前光合法生物制氢技术的主要研究成果分析,该技术未来的研究动向主要有以下几个方面:光合产氢机理的研究、参与产氢过程的酶结构和功能研究、产氢抑制因素的研究、产氢电子供体的研究、高效产氢基因工程菌研究和实用系统的开发研究等。在这些发展方向之中,高效产氢工程菌的构建以及光反应器等实用系统的开发具有较大的研究价值。

多年来,人们对光合法生物制氢技术开展了大量的研究工作,但是利用光合法制氢的效果并不理想。要使光合法生物制氢技术达到大规模的工业化生产水平,很多问题仍有待于进一步研究解决。

2. 发酵法生物制氢技术

在 100 多年前,有人发现在微生物作用下,通过蚁酸钙的发酵可以从水中产生氢气。1962 年,Rohrback 首先证明 Clostrium butyricum 能够利用葡萄糖产生氢气。Karube 等人利用 Clostrium butyricum 采用固定化技术连续 20 d 产生氢气。Zeikus 等人证明细菌利用碳水化合物、脂肪、蛋白质等生产氢气的同时,得到蚁酸、乙酸和二氧化碳,而乙酸、蚁酸又能被甲烷生成细菌所利用生产甲烷。1983 年研究人员系统地研究了 Enterobacter aerogenes strain 的产氢情况,氢气速率可以达到 $1.0 \sim 1.5$ mol H_2/mol 葡萄糖。1992 年 Taguchi 等人从白蚁体内得到的 153 株细菌中分离得到 51 株产氢细菌,其中 Clostrum beijerinckii strain AM21B 是产氢能力最强的单菌,氢气产率为 245 molH_2/mol 葡萄糖。

同光合法生物制氢技术相比,发酵法生物制氢技术具有一定的优越性:第一,发酵细菌的产氢速度通常很快,其产氢速度是光合细菌的几倍,甚至是十几倍。第二,发酵细菌大多数属于异养型的兼性厌氧细菌群,在其产氢过程中对 pH 值、温度、氧气等环境条件的适应性比较强,并且不需要光照,可以在白天和夜晚连续进行。第三,酵细菌能够利用的底物比较多,除通常的糖类化合物外,甚至固体有机废弃物和高浓度的有机废水都可以作为产氢的底物,并且对营养物质的要求比较简单。第四,利用的产氢反应器类型比较多,并且反应器的结构同藻类和光合细菌相比也比较简单。

8.5.2　厌氧发酵生物制氢的产氢机理

许多微生物在代谢过程中能够产生分子氢,其中已报道的化能营养性产氢微生物就有

40 多个属,见表 8.1,其中一些产酸发酵细菌具有很强的产氢能力。根据国内外大量资料分析,对于发酵生物制氢反应器中的微生物而言,可能的产氢途径有 3 种:EMP 途径中的丙酮酸脱羟产氢;辅酶 I 的氧化与还原平衡调节产氢;产氢产乙酸菌的产氢作用。

表 8.1 　发酵法产氢的微生物

细菌名称	细菌种属	细菌编号	参考文献
产气肠杆菌	*Enterobacter aerogenes*	E. 82005	55,56,57
产气肠杆菌	*Enterobacter aerogenes*	HO-39	58.59
产气肠杆菌	*Enterobacter aerogenes*	HU-101	40
产气肠杆菌	*Enterobacter aerogenes*	NCIMB 10102	41
拜氏梭菌	*Clostridium beijerinckii*	AM21B	42
丁酸梭菌	*Clostridium butyricum*	IFO3847	43
丁酸梭菌	*Clostridium butyricum*	IFO3858	44
丁酸梭菌	*Clostridium butyricum*	IFO3315t1	46~49
丁酸梭菌	*Clostridium butyricum*	NCTC 7423	50
丁酸梭菌	*Clostridium butyricum*	IAM19001	51
巴氏梭菌	*Clostridium pasteurianum*	—	52
艰难梭菌	*Clostridium difficle*	13	54
生孢梭菌	*Clostridium sporogenes*	2	55,56
梭菌属	*Clostridium sp.*	NO. 2	57,58
丙酮丁醇梭菌	*Clostridium acetobutylicum*	ATCC824	63
热纤维梭菌	*Clostridium thermocellum*	651	60
阴沟肠杆菌	*Enterobacter cloacae*	IIT-BT 08	61
大肠杆菌	*Escherichia coli*	—	40
柠檬酸杆菌属	*Citrobacter sp.*	Y19	55
中间柠檬酸杆菌	*Citrobacter intermedius*	—	57
地衣芽孢杆菌	*Bacillus licheniformis*	11	59

8.5.2.1 　EMP 途径中的丙酮酸的脱羧产氢

厌氧发酵细菌体内缺乏完整的呼吸链电子传递体系,发酵代谢过程中通过脱氢作用所产生的"过剩"电子,必须适当的途径得到"释放",使物质的氧化与还原过程保持平衡,以保证代谢过程的顺利进行。通过发酵途径直接产生分子氢,是某些微生物为解决氧化还原过程中产生的"过剩"电子所采取的一种调节机制。

能够产生分子氢的微生物必然还有氢化酶,目前,人们对蓝细菌和藻类的氢化酶研究已取得了较大的进展,但是,国际上对产氢发酵细菌的氢化酶研究较少,Adams 报道了巴氏梭状芽孢杆菌(*Clostridium pasteurianum*)中含氢酶的结构、活性位点及代谢机制。细菌的产氢作用需要铁氧还蛋白的共同参与,产氢产酸发酵细菌一般含有 ^{8}Fe 铁氧还蛋白,这种铁硫蛋白首先在巴氏梭状芽孢杆菌中发现,其活性中心为 $Fe_4S_4(S-CyS)_4$ 型。螺旋体属亦为严格发酵碳水化合物的微生物,在代谢上与梭状芽孢均属相似,经糖酵解 EMP 途径发酵葡萄糖生成 CO_2、H_2、乙酸、乙醇等作为主要末端产物,该属也有些种以红氧还蛋白替代铁氧还蛋白,其活性中心为 $Fe_4(S-CyS)_4$ 型。

产氢产酸发酵细菌(包括螺旋体属)的直接产氢过程均发生于丙酮酸脱羧作用中,可分为两种方式。

（1）梭状芽孢杆菌型：丙酮酸首先在丙酮酸脱氢酶作用下脱羧，羟乙基结合到酶的 TPP 上，形成硫胺素焦磷酸——酶的复合物，然后生成乙酰 CoA，脱氢将电子转移给铁氧还蛋白，使铁氧还蛋白得到还原，最后还原的铁氧还蛋白被铁氧还蛋白氢化酶重氢化，产生分子氢。

（2）肠道杆菌型：此型中，丙酮酸脱羧后形成甲酸，然后甲酸的一部分或全部转化为 H_2 和 CO_2。由以上分析可见，通过 EMP 途径的发酵产氢过程，不论是梭状芽孢杆菌型还是肠道杆菌型，虽然他们的产氢形式有所不同，但其产氢过程均与丙酮酸脱羧过程密切相关。

8.5.2.2　NADH/NAD$^+$的平衡调节产氢

生物制氢系统内，碳水化合物经 EMP 途径产生的还原型辅酶 I（NADH$^+$/H$^+$），一般可通过与一定比例的丙酸、丁酸、乙醇或乳酸等发酵相耦联而得以氧化为氧化型辅酶 I（NAD$^+$），从而保证代谢过程中 NADH/NAD$^+$的平衡，这也是有机废水厌氧生物处理中，之所以产生各种发酵类型（丙酸型、丁酸型及乙醇型）的重要原因之一。生物体内的 NAD$^+$ 与 NADH 的比例是一定的，当 NADH 的氧化过程相对于其形成过程较慢时，必然会造成 NADH 的积累。为了保证生理代谢过程的正常进行，发酵细菌可以通过释放 H_2 的方式将过量的 NADH 氧化：

$$NADH + H^+ \longrightarrow NAD^+ + H_2$$

根据生理生态学分析，与大多数微生物一样，厌氧发酵产氢细菌生长繁殖的最适 pH 值在 7 左右。然而，在产酸发酵过程中，大量有机挥发酸的产生，使生境中的 pH 值迅速降低，当 pH 值过低（pH<3.8）时，就会对产酸发酵细菌的生长造成抑制。此时，发酵细菌将被迫阻止酸性末端产物的生成，或者依照生境中的 pH 值，通过一定的生化反应，成比例地降低 H$^+$ 在生境中的浓度，以达到继续生存的目的。大量分子氢的产生和释放，酸性末端产物中丁酸及中性产物乙醇的增加，正是这种生理需求的调节机制。

8.5.2.3　产氢产乙酸菌的产氢作用

产氢产乙酸细菌（H$_2$-producing acetogens）能将产酸发酵第一阶段产生的丙酸、丁酸、戊酸、乳酸和乙醇等，进一步转化为乙酸，同时释放分子氢。这群细菌可能是严格厌氧菌或是兼性厌氧菌，目前只有少数被分离出来。

8.5.3　厌氧发酵制氢的研究

当前，利用厌氧发酵制氢的研究大体上可分为三种类型。

（1）采用纯菌种和固定技术进行生物制氢。

由于纯菌种的发酵条件要求严格，偏向机理，还处于实验室研究阶段；但是因为纯培养生物制氢工艺具有工艺操作简单、底物利用率高等优点而一直受到人们的关注。利用生物质进行乙醇的发酵转化已经实现了产业化应用，其主要的技术进步就是发现大量的生产乙醇的菌株，最终筛选出能够稳定生产乙醇的酵母菌，实现了乙醇的大规模生产。目前，国外学者已经分离出约 50 余株产氢细菌，但是大部分都属于 Clostridium、Enterobacte 等少数几个菌属，发酵产氢微生物的遗传基础十分狭窄，另外由于所发现的产氢微生物的产氢能力低及菌种的耐逆性差等原因，到目前仍难以进入工业化生产中。因此，在开展混合培养生物制氢的同时，从混合培养发酵生物制氢系统中分离培养出环境适应能力强、产氢效能高的新型产氢细菌，进行纯培养生物制氢研究，对拓宽产氢微生物种子资源、提高生物制氢效能具有重要的意义。

（2）利用厌氧活性污泥进行有机废水发酵生物制氢。

在废水厌氧处理过程中很早就有利用从厌氧活性污泥中得到的产氢产酸菌产生氢气的报导，其发酵过程大体可被分为三个阶段：水解阶段、产酸产氢阶段和产甲烷阶段，产氢处于第二阶段。而如何控制第二阶段的积累和抑制第三阶段产甲烷细菌对氢气的消耗成为利用废水连续制氢的一个研究思路。目前，采用活性污泥方法生物制氢的研究很多，Steven Van Ginkel 等人的研究表明，热处理可以抑制甲烷细菌和硫化氢还原细菌的存活，可以有效抑制第三阶段的发生。氮气吹扫可以减少氢气分压和提供完全厌氧环境从而提高氢气产率。

（3）采用连续混合高效产氢细菌。

利用混合高效产氢细菌能够在含有碳水化合物、蛋白质等的有机物质分解过程中产生氢气的方法。而利用高效厌氧产氢细菌进行连续发酵制氢方法目前主要工作是高效产氢菌种的开发以及采用基因技术等手段筛选优秀菌种。设计高效、低成本反应器和选择最佳反应工艺是此制氢方法在技术上的研究方向。

生物制氢技术由于具有常温、常压、能耗低、环保等优势，在化石资源日渐紧张的今天，逐渐成为国内外研究的热点。利用生物质资源，进一步降低制氢成本是生物制氢走工业化的必由之路。但无论哪种生物制氢方法都存在自身的缺陷。近年来，混合培养技术和分阶段处理工艺越来越受到人们的重视，例如，将厌氧发酵细菌与厌氧光合细菌耦合的两步生物制氢技术。二步方法制氢的概念是通过建立一步厌氧发酵反应器酸化有机废弃物并部分产生氢气，再利用光合细菌在二步反应器中将厌氧发酵的产物进一步转化为氢气的技术。它既弥补了厌氧发酵法产氢效率低和光合细菌法无法直接利用有机废弃物连续产氢的缺点，是高效利用有机废弃物，处理废水的一条可行性很高的研究途径。二步法制氢有可能成为高效利用可再生—生物质的关键技术环节。此外，采用多步厌氧光合制氢技术、厌氧光合/厌氧发酵同体系协同制氢技术也引起人们越来越多的关注，但如何保持制氢连续性、稳定性和抑制产酸积累仍是很难克服的技术难题。解决这些问题，必须考虑在传统工艺技术基础上渗入新的技术元素，如基因技术和酶/细胞固定化技术。固定化技术在生物制氢中的应用日渐增多，如使用乙烯—醋酸乙烯共聚物（EVA）作为细菌的载体可以得到 $1.74\ mol\ H_2/mol$ 蔗糖的产率。此外，玻璃钢珠、活性炭和木纤维素等材料也可作为固定化载体。固定化制氢具有产氢纯度高，产氢速率快等但细胞固定化后细菌容易失活、材料不耐用且成本高等问题有待开发新的载体材料和新工艺来解决。

这些技术和模型的应用很可能会使生物制氢技术具有更大开发潜力。但生物制氢机理的研究整体不足，特别是厌氧发酵制氢，它的遗传机制、能量代谢和物质代谢途径以及抑制机理都不十分清楚，这制约了生物制氢的发展。随着氢能的日渐受重视，生物制氢机理的研究也将越来越深入。

生物制氢技术是一种经济、有效、环保的新型能源技术。它与有机废水处理过程相结合，既可以产生清洁能源—氢气，又能实现废弃物的资源化，保护环境，对我国的可持续发展能源战略有重大意义。通过基因技术、固定化技术等内外部促进手段，进一步提高氢气的产率和有机质的利用效率，必然加速生物制氢工业化的进程。相信不久的将来必将迎来一次以利用生物质资源采用微生物方法制取氢气的新能源技术革命。

参 考 文 献

[1] 沈萍. 微生物学[M]. 北京:高等教育出版社,2000.

[2] 周群英,高廷耀. 环境工程微生物学[M]. 2版. 北京:高等教育出版社,2000.

[3] 李亚新,董春娟. 激活甲烷菌的微量元素及其补充量的确定[J]. 环境污染与防治,2001,
23(3):116-118.

[4] 王家玲,臧向莹,王志通. 环境微生物学[M]. 北京:高等教育出版社,1988.

[5] 张国政. 产甲烷菌的一般特征[J]. 中国沼气,1990(2):5-81.

[6] 单丽伟,冯贵颖,范三红. 产甲烷菌研究进展[J]. 微生物学杂志,2003,23(6):42-46.

[7] 尹小波,连莉文,徐洁泉,等. 产甲烷过程的独特酶类及生化监测方法[J]. 中国沼气,
1998,16(3):8-14.

[8] 郭立峰,李永峰,高大文. 制药废水中产甲烷菌的分离与鉴定[J]. 哈尔滨商业大学学
报:自然科学版,2008,24(1):29-31.

[9] 洪谷政夫. 土壤污染的机理与解析——环境科学特论[M]. 北京:高等教育出版社,
1988.

[10] 林成谷. 土壤污染与防治[M]. 北京:中国农业出版社,1996.

[11] 徐亚同,史家樑,张明. 污染控制微生物工程[M]. 北京:化学工业出版社,2001.

[12] 马文漪,杨柳燕. 环境微生物工程[M]. 南京:南京大学出版社,1998.

[13] 崔晓光. 沼气池中产甲烷菌的分离鉴定及其分布的研究[D]. 大连:大连理工大学,
2007.

[14] 李爱贞. 生态环境保护概论[M]. 北京:气象出版社,2001.

[15] 王建龙,文湘华. 现代环境生物技术[M]. 北京:清华大学出版社,2000.

[16] 熊治廷. 环境生物学[M]. 武汉:武汉大学出版社,2000.

[17] 徐孝华. 普通微生物学[M]. 北京:中国农业大学出版社,1998.

[18] 袁志辉. 宏基因组方法在环境微生物生态及基因查找中的应用研究[D]. 重庆:西南大
学,2006.

市政与环境工程系列丛书(本科)

市政与环境工程系列研究生教材